Windows Server 操作系统配置与管理

主　编　郭　丽
副主编　刘　易　武　健

北京理工大学出版社
BEIJING INSTITUTE OF TECHNOLOGY PRESS

内 容 简 介

本教材聚焦计算机网络技术专业复合型技术技能型人才培养，依据"Windows 操作系统配置与安全"课程标准，以最新的 Windows Server 2022 网络操作系统为平台，以企业实际项目为主线，结合计算机网络技术专业相应岗位的能力需求，旨在培养学生从事计算机网络管理类岗位工作的核心职业能力。主要内容包括：Windows Server 的安装和配置、用户和组的建立、文件权限的控制、磁盘管理、活动目录的安装和管理，以及常用网络服务 DNS、DHCP、FTP、Web 的搭建和管理，组策略的设置等。

版权专有　侵权必究

图书在版编目（CIP）数据

Windows Server 操作系统配置与管理／郭丽主编. -- 北京：北京理工大学出版社，2023.9（2024.2 重印）
ISBN 978-7-5763-2880-6

Ⅰ.①W… Ⅱ.①郭… Ⅲ.①Windows 操作系统-网络服务器-高等职业教育-教材 Ⅳ.①TP316.86

中国国家版本馆 CIP 数据核字（2023）第 174818 号

责任编辑：王玲玲　　**文案编辑：**王玲玲
责任校对：刘亚男　　**责任印制：**施胜娟

出版发行 ／ 北京理工大学出版社有限责任公司
社　　址 ／ 北京市丰台区四合庄路 6 号
邮　　编 ／ 100070
电　　话 ／ （010）68914026（教材售后服务热线）
　　　　　　（010）68944437（课件资源服务热线）
网　　址 ／ http://www.bitpress.com.cn

版 印 次 ／ 2024 年 2 月第 1 版第 2 次印刷
印　　刷 ／ 涿州市新华印刷有限公司
开　　本 ／ 787 mm×1092 mm　1/16
印　　张 ／ 20.25
字　　数 ／ 509 千字
定　　价 ／ 59.80 元

图书出现印装质量问题，请拨打售后服务热线，负责调换

前 言

本教材聚焦计算机网络技术专业复合型技术技能型人才培养，以最新的 Windows 服务器操作系统 Windows Server 2022 为平台，以企业实际项目为主线，结合计算机网络技术专业相应岗位的能力需求，旨在培养学生从事计算机网络管理类岗位工作的核心职业能力。

本教材内容的设置基于教育部 2021 年颁布的专业目录，结合岗位需求和人才培养目标，目的是培养学生从事网络系统管理和运维等相关工作岗位的核心职业能力，使学生能够部署中小型企业局域网中基于 Windows Server 的各种网络基础服务和应用服务，维护网络安全，具备管理各类型局域网络中所需的知识基础和能力基础。主要内容包括 Windows Server 的安装和配置、用户和组的建立、文件权限的控制、磁盘管理、活动目录的安装和管理、组策略的设置，以及常用网络服务 DNS、DHCP、FTP、Web 的搭建和管理等。

本教材的主要特色有：

1. 校企合作，工学结合。教材由学校专业教师与企业一线工程师组成的"校企双元"开发团队，从完整的企业实际工作任务出发，以**工作过程系统化**为指导思想，编排教材内容，注重"学习任务"设计，以更好地构建工作过程知识与技能。

2. 系统设计，符合规律。对课程模块和课程项目的学习成果进行系统设计，充分考虑职业院校学生的身心特点，遵循**"从简单到复杂、从单一到综合"**的学习与职业成长规律，**以学习成果为导向，以职业技能为根本，以完整的工作过程为载体**，设计和开发教材内容。

3. 立足岗位，融入情境。基于职业岗位编写教材，充分融入企业生产环境背景，将知识、技能和能力（素质）融合为一体，同时包括职业道德、职业素养、课程思政等内容，提高学生正确认识问题、分析问题和解决问题的能力，体现"做中学、学中做"的职业教育教学特色。

4. 资源丰富，方便教学。本教材配套资源丰富，以国家教学资源库"计算机应用技术专业"子项目"Windows 操作系统"课程为基础，配套有课程视频、PPT 等整套课程资源，资源类型涵盖微课、教学视频、演示视频、动画、文本等。每个任务都配有习题和实训内容，便于读者快速掌握。

本教材由北京信息职业技术学院郭丽老师担任主编，刘易、武健老师担任副主编，陈婷、刘海燕、李慧颖、陈春燕、王建国、王伟老师对教材的编写提出了宝贵意见，在此表示感谢。

由于作者水平有限，书中难免存在不妥之处，欢迎广大读者提出宝贵意见。

编　者

目 录

任务 1　安装和配置 Windows Server 2022 ··· 1

　任务 1.1　安装 Windows Server 2022 ··· 1
　　1.1.1　Windows Server 2022 简介 ·· 1
　　1.1.2　Windows Server 2022 的安装条件 ··· 2
　　1.1.3　Windows Server 2022 的安装选项 ··· 2
　　1.1.4　安装 Windows Server 2022 标准版 ·· 3
　任务 1.2　配置 Windows Server 2022 的系统环境 ··· 8
　　1.2.1　计算机的桌面环境 ·· 8
　　1.2.2　计算机名和计算机的工作模式 ··· 8
　　1.2.3　设置桌面图标 ·· 9
　　1.2.4　将应用程序固定到任务栏 ·· 11
　　1.2.5　更改计算机名和工作组名 ·· 11
　任务 1.3　配置 Windows Server 2022 的网络环境 ··· 13
　　1.3.1　IP 地址 ··· 14
　　1.3.2　网络位置 ··· 14
　　1.3.3　高级安全 Windows Defender 防火墙 ·· 14
　　1.3.4　配置计算机的 TCP/IP 属性 ··· 15
　　1.3.5　更改网络位置 ··· 17
　　1.3.6　设置高级安全防火墙，放行 ping 命令 ··· 19
　任务 1.4　配置 Windows Server 2022 的系统管理方式 ······································· 24
　　1.4.1　远程桌面 ··· 24
　　1.4.2　MMC ··· 24
　　1.4.3　Windows Admin Center 介绍 ·· 25
　　1.4.4　开启远程桌面服务 ··· 25

1.4.5　设置 MMC ………………………………………………………………… 28
　　1.4.6　安装 Windows Admin Center …………………………………………… 30
　实训项目　Windows Server 2022 安装与测试 ………………………………………… 34

任务 2　创建本地用户账户和组 …………………………………………………………… 36

　任务 2.1　创建本地用户账户 …………………………………………………………… 36
　　2.1.1　Windows 中的账户类型 …………………………………………………… 37
　　2.1.2　本地用户账户简介 …………………………………………………………… 38
　　2.1.3　内置的本地用户账户 ………………………………………………………… 38
　　2.1.4　用户账户的命名规则 ………………………………………………………… 39
　　2.1.5　密码规则 ……………………………………………………………………… 39
　　2.1.6　用户管理命令 ………………………………………………………………… 39
　　2.1.7　利用图像化界面创建用户 …………………………………………………… 40
　　2.1.8　利用命令行创建用户 ………………………………………………………… 41
　　2.1.9　对账户进行管理 ……………………………………………………………… 42
　任务 2.2　本地组的创建 ………………………………………………………………… 45
　　2.2.1　本地组的概念 ………………………………………………………………… 45
　　2.2.2　内置的本地组 ………………………………………………………………… 46
　　2.2.3　组的管理命令 ………………………………………………………………… 46
　　2.2.4　利用图形化界面创建组 ……………………………………………………… 47
　　2.2.5　使用命令行创建组 …………………………………………………………… 47
　　2.2.6　将用户加入及移出组 ………………………………………………………… 48
　　2.2.7　管理组 ………………………………………………………………………… 52
　实训项目　本地用户和组的创建 ………………………………………………………… 53

任务 3　本地安全策略 ……………………………………………………………………… 54

　任务 3.1　本地安全策略的概念 ………………………………………………………… 54
　　3.1.1　本地安全策略的概念 ………………………………………………………… 54
　　3.1.2　本地安全策略的打开 ………………………………………………………… 54
　任务 3.2　创建密码策略 ………………………………………………………………… 55
　　3.2.1　密码策略介绍 ………………………………………………………………… 55
　　3.2.2　创建密码策略 ………………………………………………………………… 57
　任务 3.3　创建账户锁定策略 …………………………………………………………… 61
　　3.3.1　账户锁定策略介绍 …………………………………………………………… 62
　　3.3.2　创建账户锁定策略 …………………………………………………………… 63
　任务 3.4　创建审核策略 ………………………………………………………………… 66

3.4.1 审核策略介绍 …… 66
3.4.2 Windows 中的事件 ID …… 67
3.4.3 创建审核策略 …… 68

任务 3.5 创建用户权限分配策略 …… 72
3.5.1 用户权限分配介绍 …… 72
3.5.2 创建用户权限分配策略 …… 73

任务 3.6 安全选项 …… 78
3.6.1 安全选项介绍 …… 78
3.6.2 设置安全选项 …… 79

实训项目 本地安全策略的管理 …… 83

任务 4 磁盘管理 …… 84

任务 4.1 磁盘的基本概念 …… 84
4.1.1 磁盘的概念 …… 84
4.1.2 硬盘的概念 …… 85
4.1.3 分区的概念 …… 85
4.1.4 MBR 和 GPT 磁盘分区 …… 85
4.1.5 电脑的启动方式与 MBR 和 GPT …… 86
4.1.6 基本磁盘和动态磁盘 …… 86
4.1.7 在虚拟机中添加磁盘 …… 86
4.1.8 打开磁盘管理工具 …… 89
4.1.9 将磁盘联机，初始化 …… 90

任务 4.2 创建基本磁盘分区 …… 90
4.2.1 主分区和扩展分区介绍 …… 91
4.2.2 磁盘分区工具 DiskPart 的相关命令 …… 91
4.2.3 利用图像化界面创建主分区 …… 92
4.2.4 使用 DiskPart 工具创建主分区 …… 96
4.2.5 利用 DiskPart 工具创建扩展分区 …… 98
4.2.6 创建逻辑分区 …… 99
4.2.7 分区的格式化，更改驱动器号和分区删除 …… 101

任务 4.3 创建和管理动态磁盘 …… 103
4.3.1 动态磁盘介绍 …… 103
4.3.2 动态卷的类型 …… 103
4.3.3 将基本磁盘升级为动态磁盘 …… 106
4.3.4 创建简单卷 …… 106
4.3.5 创建跨区卷 …… 111

4.3.6　创建带区卷 ……………………………………………………………… 114
4.3.7　创建、中断、删除镜像卷 ………………………………………………… 115
4.3.8　创建 RAID-5 卷 …………………………………………………………… 120
任务 4.4　创建和管理磁盘配额 …………………………………………………… 122
4.4.1　磁盘配额的概念 ……………………………………………………… 122
4.4.2　针对所有用户设置磁盘配额 …………………………………………… 122
4.4.3　针对特定用户设置磁盘配额 …………………………………………… 125
实训项目　管理磁盘 ……………………………………………………………… 127

任务 5　文件系统管理 …………………………………………………………… 129

任务 5.1　文件系统概述 …………………………………………………………… 129
5.1.1　什么是文件系统 ……………………………………………………… 129
5.1.2　文件系统类型 ………………………………………………………… 130
任务 5.2　标准的 NTFS 权限 ……………………………………………………… 130
5.2.1　NTFS 权限的含义 …………………………………………………… 130
5.2.2　文件的标准 NTFS 权限 ……………………………………………… 131
5.2.3　文件夹的标准 NTFS 权限 …………………………………………… 131
5.2.4　设置标准 NTFS 权限 ………………………………………………… 132
任务 5.3　特殊的 NTFS 权限 ……………………………………………………… 137
5.3.1　特殊 NTFS 权限和标准 NTFS 权限的关系 ………………………… 137
5.3.2　设置特殊的 NTFS 权限 ……………………………………………… 140
任务 5.4　NTFS 权限的应用规则 ………………………………………………… 143
5.4.1　NTFS 权限的应用规则 ……………………………………………… 143
5.4.2　移动和复制对文件或文件夹权限的影响 …………………………… 144
5.4.3　文件的所有者 ………………………………………………………… 144
5.4.4　更改文件的所有者 …………………………………………………… 144
实训项目　文件系统的 NTFS 权限及应用规则 ………………………………… 147

任务 6　管理 DNS 服务器 ………………………………………………………… 149

任务 6.1　DNS 的基本概念 ………………………………………………………… 149
6.1.1　DNS 的概念 …………………………………………………………… 149
6.1.2　DNS 的域名空间结构 ………………………………………………… 150
6.1.3　DNS 的查询模式 ……………………………………………………… 151
6.1.4　完整的域名解析过程 ………………………………………………… 153
任务 6.2　DNS 服务器的配置 ……………………………………………………… 153
6.2.1　DNS 的区域类型 ……………………………………………………… 154

6.2.2	DNS 的资源记录类型	154
6.2.3	DNS 服务器的安装及客户端设置	154
6.2.4	设置 DNS 客户端	160
6.2.5	DNS 正向区域的创建	163
6.2.6	创建主机 A 记录	166
6.2.7	创建 CNAME 记录	168
6.2.8	创建反向区域	169
6.2.9	创建指针记录	172

任务 6.3　DNS 转发器的设置 173

6.3.1	根提示的作用	173
6.3.2	转发器的类型和作用	174
6.3.3	设置转发器	174
6.3.4	设置条件转发器	175

任务 6.4　设置 DNS 的辅助区域和存根区域 177

6.4.1	DNS 服务器的类型	177
6.4.2	DNS 的区域类型	177
6.4.3	创建辅助区域	178
6.4.4	创建存根区域	181

实训项目　搭建 DNS 服务器 186

任务 7　管理 WWW 和 FTP 服务器 188

任务 7.1　安装 IIS 服务 188

7.1.1	Web 服务概述	188
7.1.2	万维网实现的技术	189
7.1.3	Web 服务端软件	189
7.1.4	安装并测试 IIS	190

任务 7.2　创建 Web 站点 193

7.2.1	新建 Web 站点	194
7.2.2	设置 IP 与主机名绑定	195
7.2.3	设置默认文档	197
7.2.4	设置虚拟目录	199

任务 7.3　Web 站点的安全设置 200

7.3.1	基于 IP 地址和域名限制用户连接	201
7.3.2	通过身份验证进行访问控制	201
7.3.3	设置基于 IP 的限制规则	202
7.3.4	设置基本身份认证	203

任务 7.4　虚拟主机的设置 …………………………………………………………………… 204
　7.4.1　虚拟主机的概念 ………………………………………………………………… 204
　7.4.2　基于端口号创建多个站点 ……………………………………………………… 205
　7.4.3　基于 IP 地址创建多个站点 ……………………………………………………… 207
　7.4.4　基于主机名创建多个站点 ……………………………………………………… 210

任务 7.5　管理 FTP 服务器 …………………………………………………………………… 213
　7.5.1　FTP 的概念 ………………………………………………………………………… 213
　7.5.2　FTP 的工作原理 …………………………………………………………………… 214
　7.5.3　安装 FTP 服务 ……………………………………………………………………… 214
　7.5.4　创建并访问 FTP 站点 ……………………………………………………………… 216
　7.5.5　访问 FTP 站点 ……………………………………………………………………… 218
　7.5.6　设置根目录 ………………………………………………………………………… 219
　7.5.7　站点绑定 …………………………………………………………………………… 220
　7.5.8　设置虚拟目录 ……………………………………………………………………… 222

任务 7.6　FTP 站点的安全设置 ……………………………………………………………… 223
　7.6.1　设置身份认证 ……………………………………………………………………… 223
　7.6.2　设置授权规则 ……………………………………………………………………… 224
　7.6.3　设置用户隔离 ……………………………………………………………………… 226

实训项目　搭建 Web 和 FTP 服务器 ………………………………………………………… 228

任务 8　管理 DHCP 服务器 …………………………………………………………… 230

任务 8.1　安装 DHCP 服务 …………………………………………………………………… 230
　8.1.1　静态 IP 地址和动态 IP 地址 ……………………………………………………… 231
　8.1.2　DHCP 服务的功能 ………………………………………………………………… 232
　8.1.3　DHCP 的工作过程 ………………………………………………………………… 232
　8.1.4　DHCP 租约更新 …………………………………………………………………… 234
　8.1.5　安装 DHCP 服务 …………………………………………………………………… 235

任务 8.2　配置 DHCP 服务器 ………………………………………………………………… 237
　8.2.1　作用域的概念 ……………………………………………………………………… 237
　8.2.2　保留的概念 ………………………………………………………………………… 237
　8.2.3　ipconfig 命令 ……………………………………………………………………… 238
　8.2.4　创建作用域 DHCP 作用域 ………………………………………………………… 238
　8.2.5　客户端测试 ………………………………………………………………………… 244
　8.2.6　配置 DHCP 保留 …………………………………………………………………… 245
　8.2.7　为保留配置其他的 TCP/IP 参数 ………………………………………………… 246
　8.2.8　配置 DHCP 作用域选项、服务器选项 ………………………………………… 248

实训项目　搭建 DHCP 服务器 ·· 249

任务 9　管理和配置域服务 ·· 251

任务 9.1　活动目录的概念 ·· 251
9.1.1　计算机组网方式 ·· 251
9.1.2　目录和活动目录的基本概念 ·· 252
9.1.3　活动目录中的相关概念 ·· 252
9.1.4　活动目录中的逻辑结构单元 ·· 253
9.1.5　活动目录和域的关系 ·· 255
9.1.6　活动目录与 DC 的关系 ·· 255
9.1.7　域中计算机的角色 ·· 255

任务 9.2　搭建林中第一个域控制器 ·· 256
9.2.1　活动目录安装的条件 ·· 256
9.2.2　域功能级别和林功能级别 ·· 256
9.2.3　安装 AD 域服务 ·· 257
9.2.4　搭建林中第一个域控制器 ·· 259
9.2.5　将计算机加入域 ·· 264
9.2.6　访问活动目录对象 ·· 266
9.2.7　在成员服务器上安装域管理工具 ·· 268

任务 9.3　管理活动目录对象 ·· 269
9.3.1　域用户的概念 ·· 270
9.3.2　域组的概念 ·· 270
9.3.3　创建域用户 ·· 271
9.3.4　管理域用户 ·· 275
9.3.5　创建域组 ·· 277
9.3.6　管理 OU ·· 277
9.3.7　发布共享文件夹 ·· 283

实训项目　搭建域服务 ·· 286

任务 10　组策略应用 ·· 287

任务 10.1　组策略的概念 ·· 287
10.1.1　组策略的概念 ·· 287
10.1.2　组策略的工作原理 ·· 288
10.1.3　组策略对象 ·· 288
10.1.4　组策略的控制对象 ·· 290
10.1.5　组策略链接 ·· 290

10.1.6 组策略的生效时间 290
10.1.7 组策略的应用顺序 290
10.1.8 组策略的应用特性 291
任务 10.2 组策略应用 293
10.2.1 组策略应用-管理模板 293
10.2.2 组策略应用-安全选项 298
10.2.3 组策略应用-文件夹重定向 300
10.2.4 组策略应用-启动脚本 303
10.2.5 组策略应用-软件分发 305
实训项目 组策略设置 309

任务 1

安装和配置 Windows Server 2022

任务背景

公司的数据中心新购置了几台服务器，安排给公司的网络管理员进行系统的安装。管理员经过需求分析后，决定采用 Windows Server 2022 来进行网络资源的管理，由于公司规模较小，需要管理的网络资源相对较少，管理员决定采用工作组模式来管理网络。管理员决定先对 Windows Server 2022 进行选型购买、安装，并对基本的环境进行配置。

知识目标

（1）了解 Windows Server 2022 安装的条件及注意事项。
（2）掌握 Windows Server 2022 的安装方法和过程。

技能目标

（1）会对 Windows Server 进行系统配置，包括桌面环境的配置、计算机名称的配置等。
（2）会对 Windows Server 进行网络配置，包括 IP 地址配置、远程桌面配置、高级安全防火墙配置。

素质目标

（1）遵守行业规范，能够认真落实行业标准要求。
（2）诚实守信，独立完成工作任务。

任务 1.1 安装 Windows Server 2022

【任务目标】

（1）安装 Windows Server 2022 标准版。
（2）采用全新的安装方式。
（3）设置管理员的密码。

【知识链接】

1.1.1 Windows Server 2022 简介

Windows Server 2022 是 Microsoft（微软）公司开发的一种界面友好、操作简便的网络操作系统。2021 年 5 月，微软公司推出了 Windows Server 2022 的预览版。2021 年 11 月 5 日，微软公司正式发布了 Windows Server 2022。Windows Server 2022 发布了多种语言版本，包括简体中文版。

Windows Server 2022 有三个版本，分别是 Windows Server 2022 Datacenter 版、Windows Server 2022 Standard 版和 Windows Server 2022 Essentials 版。

Windows Server 2022 Datacenter 版提供完整的 Windows Server 的核心功能、不限制虚拟主机数量，适用于高度虚拟化的物理服务器环境。Windows Server 2022 Standard 版也提供完整的 Windows Server 的核心功能，但是限制使用两台虚拟主机，适用于低密度虚拟化或没有虚拟化的物理服务器环境。Windows Server 2022 Essentials 版支持 Windows Server 的部分功能，最多面向 25 个用户和 50 台设备，适用于中小型企业。

本书中主要以 Windows Server 2022 Standard 版（标准版）为例进行介绍。

1.1.2 Windows Server 2022 的安装条件

安装 Windows Server 2022，服务器的最小配置建议见表 1-1。

表 1-1 服务器的最小配置

硬件	要求
处理器	1.4 GHz 64 位处理器
RAM	Server Core 安装：512 MB，图形化界面安装：2 GB
硬盘	32 GB，不支持 IDE 硬盘
网络适配器	吞吐量 1 Gb/s
其他	显示器、DVD 驱动器、鼠标、键盘等

1.1.3 Windows Server 2022 的安装选项

Windows Server 2022 的安装选项有四个，见表 1-2。

安装选项	含义
Windows Server 2022 Standard	Windows Server 2022 标准版的 Server Core 安装（命令行界面）
Windows Server 2022 Standard（Desktop Experience）	Windows Server 2022 标准版的桌面体验安装（图形化界面）
Windows Server 2022 Datacenter	Windows Server 2022 数据中心版的 Server Core 安装（命令行界面）
Windows Server 2022 Datacenter（Desktop Experience）	Windows Server 2022 数据中心版的桌面体验安装（图形化界面）

注意：

①在 Windows Server 2022 中，Server Core（核心安装）使用命令行进行管理，是默认的安装选项，它有较小的硬件资源占用，仅支持部分 Windows Server 的角色和功能，安装后不能转换到 GUI（在 Windows Server 2012 中是可以转换的，从 Windows Server 2016 开始不再支持转换）。

②Windows Server 2022 支持安装 Nano Server，它是比 Server Core 更小的安装，它的默认进程、服务更少，具有更小的攻击面。Nano Server 没有本地用户界面，它主要被用于云平台环境，适合部署 Windows Container、Docker 程序等。在 Windows Server 2022 的安装选项中没有 Nano Server 选项，如需安装，需要通过命令行来完成。

【任务实施向导】

1.1.4 安装 Windows Server 2022 标准版

Windows Server 2022 标准版（图形化界面）的安装过程如下。

（1）将计算机的 BIOS 设置为从光驱（DVD-ROM）或者从 U 盘引导，并将 Windows Server 2022 系统光盘置于光驱内或将 U 盘启动盘插入 USB 接口中，并重新启动，计算机会从光盘或 U 盘启动。

（2）安装启动后，打开如图 1-1 所示界面，在"要安装的语言"列表框中，选择"中文（简体，中国）"；在"时间和货币格式"列表框中，选择"中文（简体，中国）"；在"键盘和输入方法"列表框中，选择"微软拼音"。设置完毕后，单击"下一页"按钮。

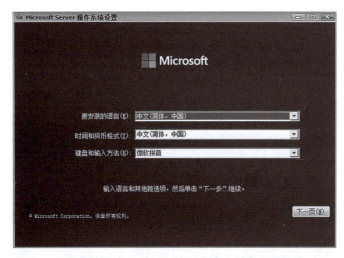

图 1-1　要安装的语言、时间和货币格式、键盘和输入方法设置

（3）接下来安装向导会询问是否立即安装 Windows Server 2022，单击"现在安装"按钮开始安装，如图 1-2 所示。

（4）在"选择要安装的操作系统"界面中，选择安装版本，本任务选择"Windows Server 2022 Standard（Desktop Experience）"，选中后，单击"下一页"按钮，如图 1-3 所示。

（5）在"适用的声明和许可条款"界面中，显示《Microsoft 软件许可条款》，只有接受该许可条款方可继续安装。选中"我接受 Microsoft 软件许可条款"复选框，单击"下一页"按钮，如图 1-4 所示。

（6）在"你想执行哪种类型的安装"界面中，选择"自定义：仅安装 Microsoft Server 操作系统（advanced）"，进行全新安装，如图 1-5 所示。如果电脑中已安装有 Windows Server 2022 之前的版本，如 Windows Server 2019，可选择"升级：安装 Microsoft Server 操作系统

Windows Server 操作系统配置与管理

图 1-2 "现在安装"界面

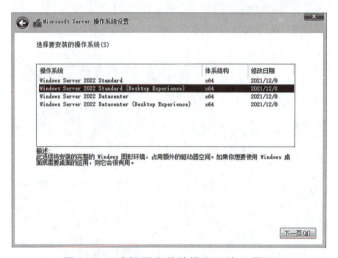

图 1-3 "选择要安装的操作系统"界面

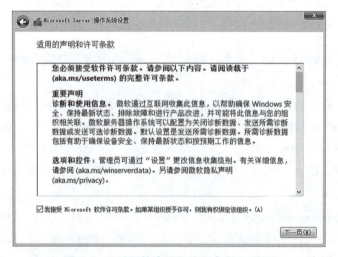

图 1-4 "适用的声明和许可条款"界面

并保留文件、设置和应用程序",进行升级安装。

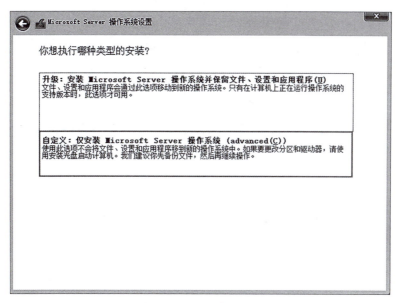

图1-5 "你想执行哪种类型的安装"界面

(7) 在"你想将 Windows 安装在哪里?"界面中选中"驱动器 0 未分配的空间"选项,单击"新建"按钮创建分区。在"总大小"文本框中输入分区的大小,本任务使用默认大小,单击"下一步"按钮,如图 1-6 所示。

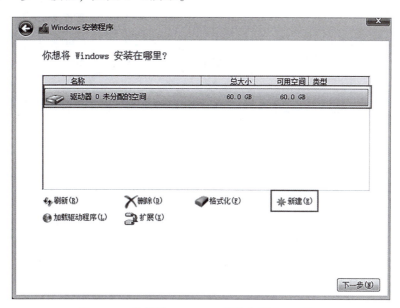

图 1-6 "你想将 Windows 安装在哪里?"界面

(8) 分区创建好后,在"操作系统的安装位置"界面中,会出现两行磁盘分区信息,第 1 行为系统分区,第 2 行是主分区,也就是操作系统的安装位置,选中第 2 行"驱动器 0

分区2",单击"下一页"按钮,将Windows安装在磁盘的主分区中,如图1-7所示。

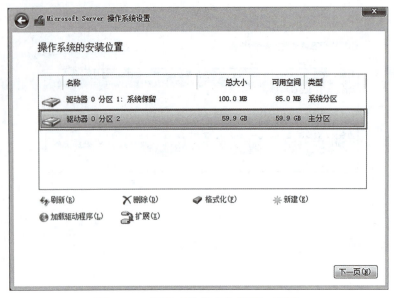

图1-7 "操作系统的安装位置"界面

注意:系统分区是自动创建的,系统的引导方式不同,会出现图1-7所示的系统分区个数不同的情况。本任务中采用的系统引导方式是"BIOS引导",如果采用"UEFI引导",会自动创建3个系统分区。

(9)在"安装Microsoft Server操作系统"界面,开始复制文件并安装Windows Server 2022,安装的过程有5步:复制Microsoft Server操作系统文件、准备要安装的文件、安装功能、安装更新、完成安装,安装程序会自动执行这5个步骤,如图1-8所示。

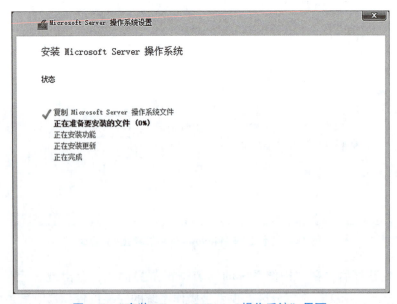

图1-8 "安装Microsoft Server操作系统"界面

（10）在安装的过程中，系统会自动重启，并进入设置本台计算机的管理员用户的密码界面。系统在安装过程中，会自动创建一个名为 Administrator 的管理员用户，此步骤需要给该用户设置密码，如图 1-9 所示。

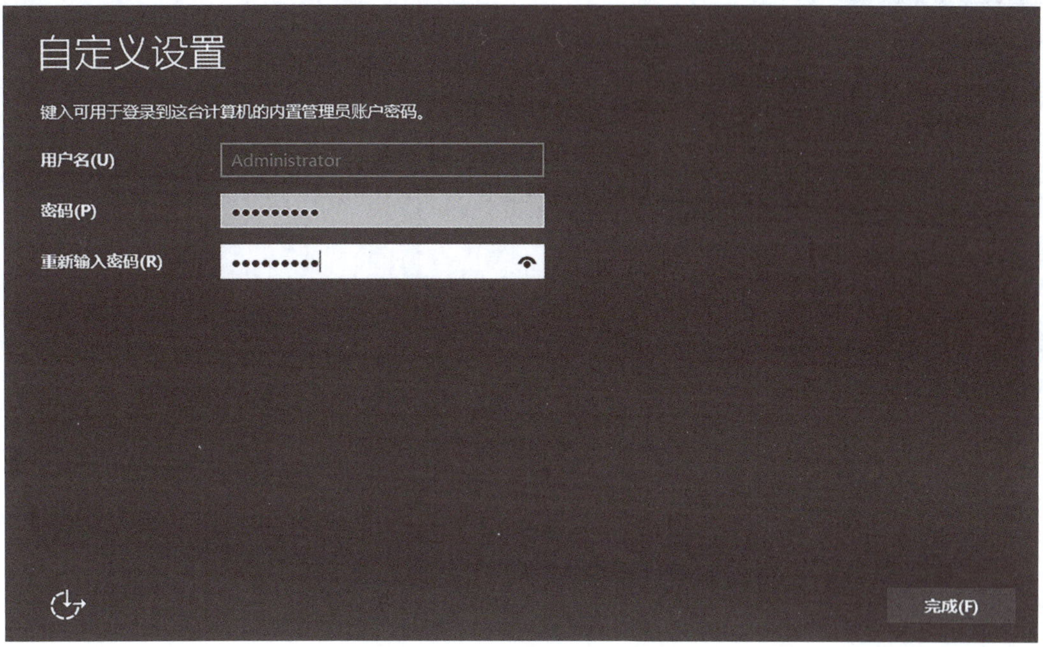

图 1-9 "自定义设置"界面

在"密码"文本框中输入要设置的密码，在"重新输入密码"文本框中再次输入密码，此密码要和"密码"文本框中设置的密码相同，并且密码设置要符合要求，如果密码设置不符合要求，则此步骤无法通过。设置完成后，单击"完成"按钮。

注意：

（1）密码的默认要求如下。

①至少包含以下四种字符中的三种：

- 小写字母；
- 大写字母；
- 数字；
- 非字母数字字符。

②密码中不包含用户名中连续两个以上的字符。

（2）此密码规则是 Windows Server 2022 默认的密码规则，安装完操作系统后，可以在系统里更改密码规则。

（11）系统安装完成，输入用户名密码后，由于是第一次进入系统，将会弹出如图 1-10 所示的"服务器管理器"界面。

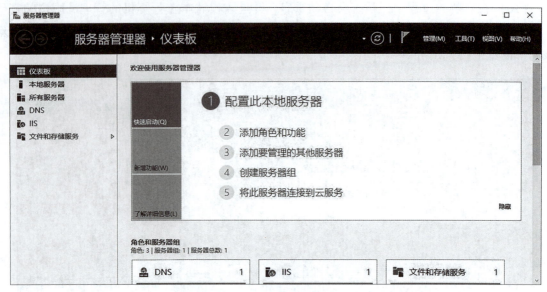

图 1-10 "服务器管理器"界面

任务 1.2　配置 Windows Server 2022 的系统环境

【任务目标】

（1）将"计算机""控制面板""网络"图标放置在桌面上。
（2）将"服务器管理器""cmd 命令行程序""运行程序"固定到任务栏中。
（3）将服务器的计算机名改为"WIN-SERVER"，工作组为"WORKGROUP"。

【知识链接】

1.2.1　计算机的桌面环境

计算机的桌面环境是计算机开机后显示的主屏幕区域。默认情况下，安装好 Windows Server 2022 后，有默认的桌面环境，可以根据个人喜好或者习惯对桌面环境进行布置，如将常用的图标或文件放到桌面上、将常用程序固定到任务栏中、设置计算机的背景、主题、颜色、"开始"菜单等。

1.2.2　计算机名和计算机的工作模式

每台计算机都有一个名字，称为计算机名，用于标识网络中的计算机。如在网上邻居中看到的就是计算机名标识的计算机，此名可以修改。

计算机的工作模式有两种：工作组模式和域模式。默认情况下，所有计算机都工作在工作组模式下，在该模式下，工作组中的所有计算机地位都是平等的，网络资源分散存放，计算机各自管理自身的资源。在域模式下，有一台特殊的计算机，叫作域控制器，它负责管理所有域中的网络资源和计算机，并进行统一身份认证。

【任务实施向导】

1.2.3 设置桌面图标

第一次进入系统，桌面上只有一个"回收站"图标，现将"计算机""控制面板""网络"放置在桌面上。

（1）在桌面上右击，选择"个性化"，如图 1-11 所示。

图 1-11 桌面

（2）进入"设置"对话框，单击左侧"主题"，在右侧界面中选择"桌面图标设置"，如图 1-12 所示。

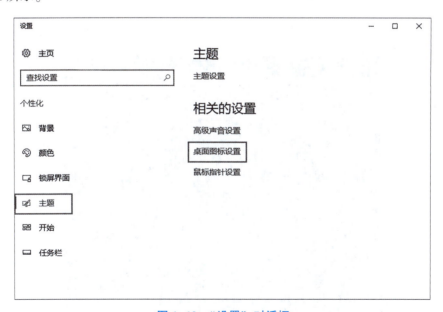

图 1-12 "设置"对话框

(3)在"桌面图标设置"对话框中,选中需要在桌面上显示图标的复选框,本任务需勾选"计算机""控制面板""网络",勾选完成后,单击"确定"按钮,如图1-13所示。

图1-13 "桌面图标设置"对话框

(4)返回桌面即可发现桌面上已经出现刚才选取的图标,如图1-14所示。

图1-14 桌面

1.2.4 将应用程序固定到任务栏

（1）将"服务器管理器"固定到任务栏。在"开始"菜单中找到所需的应用程序，右击，依次选择"更多"→"固定到任务栏"，将"服务器管理器"固定到任务栏中，如图 1-15 所示。

图 1-15 将"服务器管理器"固定到任务栏

（2）将"命令提示符"和"运行"程序固定到任务栏。方法同上。

1.2.5 更改计算机名和工作组名

（1）在任务栏中单击"服务器管理器"图标，打开"服务器管理器"界面，单击左侧的"本地服务器"，打开"本地服务器"窗口，然后单击窗口中的"计算机名"或"工作组"后面的名称，如图 1-16 所示，打开"系统属性"对话框。

（2）在"系统属性"对话框中，单击"计算机名"选项卡，然后单击"更改"按钮，如图 1-17 所示。

（3）在"计算机名/域更改"对话框中，在"计算机名"文本框中输入"WIN-SERVER"，在"工作组"文本框中输入"WORKGROUP"，单击"确定"按钮，如图 1-18 所示。

（4）弹出"欢迎加入工作组"提示框，单击"确定"按钮后，提示"必须重新启动计算机才能应用这些更改"，单击"确定"按钮，如图 1-19 所示。

（5）回到"系统属性"页面，单击"关闭"按钮，弹出重启计算机提示。单击"立即重新启动"按钮使设置生效，或者单击"稍后重新启动"按钮，如图 1-20 所示。

图 1-16 "本地服务器"窗口

图 1-17 "系统属性"对话框

任务 1　安装和配置 Windows Server 2022

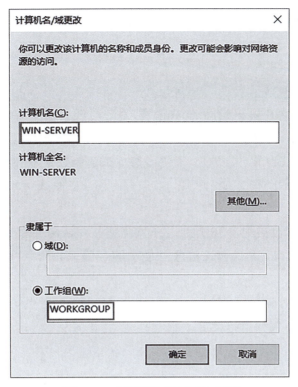

图 1-18　"计算机/域更改"界面

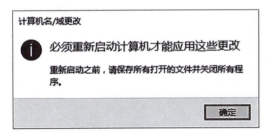

图 1-19　重启计算机提示框

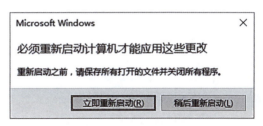

图 1-20　重启计算机界面

任务 1.3　配置 Windows Server 2022 的网络环境

【任务目标】

（1）设置 TCP/IP 的属性：

IP 地址：192.168.50.10。

子网掩码：255.255.255.0。

默认网关：192.168.50.2。

DNS：8.8.8.8。

（2）将网络的位置由公用改为专用。

（3）配置高级安全 Defender 防火墙，允许 ping 包进入。

【知识链接】

1.3.1　IP 地址

计算机在基于 TCP/IP 协议进行 Internet 通信的时候，需要唯一的地址来进行标识，这个地址叫作 IP 地址。只有 IP 地址设置正确，数据包才能送达到正确的目的主机。IP 地址由 32 个二进制数组成，为了记忆方便，通常将 32 个二进制数分为 4 组，每组 8 位，每个 8 位用一个十进制来表示，每组之间用"."隔开，这种表示方式叫点分十进制。如 192.168.50.10。

TCP/IP 的属性配置包括配置 IP 地址、子网掩码、默认网关和 DNS 服务器地址。可以通过 ipconfig 命令查看 TCP/IP 的属性信息，通过 ipconfig /all 命令可查看 TCP/IP 的属性的详细信息。

Windows Server 2022 在安装成功后，TCP/IP 的属性默认设置为自动获取。如果需要固定的 TCP/IP 的属性值，需要自行设置。

1.3.2　网络位置

当计算机连接到网络时，必须选择一个网络位置。在工作组的组网方式中，网络位置的类型有两种：公用、专用。可以根据不同的场合及对网络安全性的需求设置网络位置。

公用网络是指计算机位于机场、火车站、图书馆等公共场合，在此位置下，防火墙设置应比较严格。

专用网络是指计算机位于办公室、家庭等专用场所。这类位置较为安全，防火墙设置可以相对宽松。

1.3.3　高级安全 Windows Defender 防火墙

Windows 的高级安全 Windows Defender 防火墙是一种主机防火墙，它可以通过入站规则和出站规则来限制从网络进入主机或从主机流入网络的某种或某些流量，从而保护主机安全。

入站规则明确允许或者明确阻止与规则条件匹配的入站通信，无法匹配规则条件的入站通信默认拒绝。出站规则明确允许或者明确拒绝来自与规则条件匹配的出站通信，无法匹配规则条件的出站通信默认允许。高级安全 Windows Defender 防火墙有默认的入站和出站规则，管理员也可以自行添加或删除规则。

这些入站或出站规则会写入配置文件当中。配置文件分为三种：域配置文件、专用配置文件、公用配置文件，当网卡的网络位置类型为域、专用、公用时，对应的配置文件就会生效，防火墙会利用当前生效的配置文件中的规则来限制网络流量。Windows 高级安全 Windows Defender 防火墙的界面如图 1-21 所示。

任务 1　安装和配置 Windows Server 2022

图 1-21　高级安全 Windows Defender 防火墙界面

【任务实施向导】

1.3.4　配置计算机的 TCP/IP 属性

（1）右击桌面上的"网络"图标，打开"网络和共享中心"窗口，如图 1-22 所示，并选择"更改适配器设置"，将会打开"控制面板"下的"网络连接"窗口。

图 1-22　"网络和共享中心"窗口

（2）在图 1-23 所示的"网络连接"窗口中，右击"Ethernet0"选项，在弹出的快捷菜单中选择"属性"菜单，打开"Ethernet0 属性"对话框。

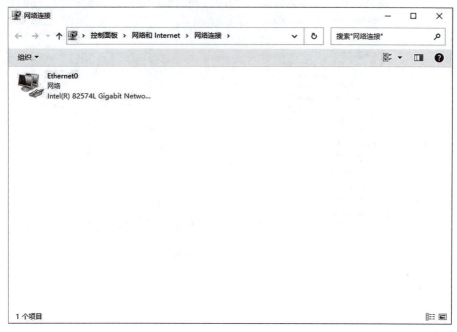

图 1-23 "网络连接"窗口

（3）在图 1-24 所示的"Ethernet0 属性"对话框中，选中"Internet 协议版本 4（TCP/IPv4）"组件，并单击"属性"按钮，打开"Internet 协议版本 4（TCP/IPv4）属性"对话框。

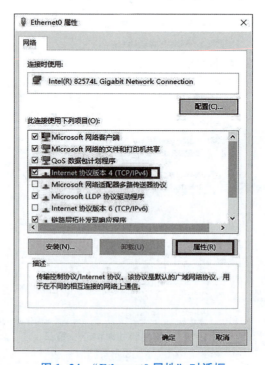

图 1-24 "Ethernet0 属性"对话框

(4) 在"Internet 协议版本 4（TCP/IPv4）属性"对话框中，根据需要输入 TCP/IP 属性信息，包括 IP 地址、子网掩码、默认网关、首选 DNS 服务器和备用 DNS 服务器等。本任务中，将 IP 地址设置为 192.168.50.10，子网掩码设置为 255.255.255.0，默认网关设置为 192.168.50.254，首选 DNS 服务器设置为 8.8.8.8，备用 DNS 服务器不做设置，如图 1-25 所示。

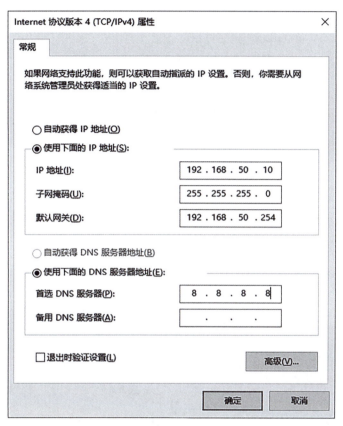

图 1-25 "Internet 协议版本 4（TCP/IPv4）属性"对话框

1.3.5 更改网络位置

(1) 打开"网络和共享中心"窗口，可以查看当前网络是处于公用网络还是专用网络。如图 1-26 所示，当前的网络位置是公用网络。

(2) 右击任务栏中的"网络连接"图标，单击打开"网络和 Internet 属性"，出现如图 1-27 所示的设置界面，在此界面中，单击左侧的"以太网"，并单击"网络"，进入"网络设置"界面。

(3) 在图 1-28 所示的"网络设置"界面中，可通过选择相应的单选框，对当前的网络位置进行设置。在"网络配置文件"单选框处，选择"专用"，即可将当前的网络位置由公用网络转换成专用网络。

图1-26 "网络和共享中心"窗口

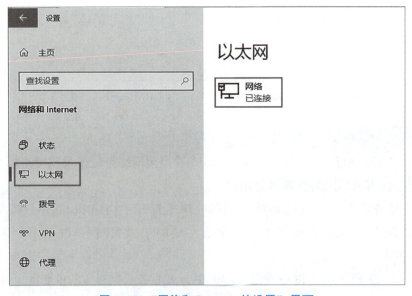

图1-27 "网络和 Internet 的设置"界面

任务 1　安装和配置 Windows Server 2022

图 1-28　"网络配置文件"界面

1.3.6　设置高级安全防火墙，放行 ping 命令

（1）如图 1-29 所示，在"开始"菜单的"Windows 管理工具"子菜单中，单击"高级安全 Windows 防火墙"，进入"高级安全 Windows 防火墙"管理界面。

图 1-29　单击"高级安全 Windows 防火墙"

（2）在"高级安全 Windows 防火墙"管理界面中，在"入站规则"处右击，在弹出菜单处选择"新建规则"，如图 1-30 所示。

（3）在"规则类型"对话框中，选择"自定义"。规则类型有 4 个选项：程序、端口、预定义和自定义，根据要限制的数据包选择合适的类型，如果要限制某个应用程序，如限制 Microsoft Edge 浏览器，则选择"程序"，如果要限制某个端口，如限制远程桌面连接（3389 端口），则选择"端口"。在本任务中，限制 ping 数据包，那么要限制的是 ICMPv4 报文，所以选择"自定义"。选择"自定义"单选框后,单击"下一步"按钮,如图 1-31 所示。

图 1-30 "高级安全 Windows 防火墙"管理界面

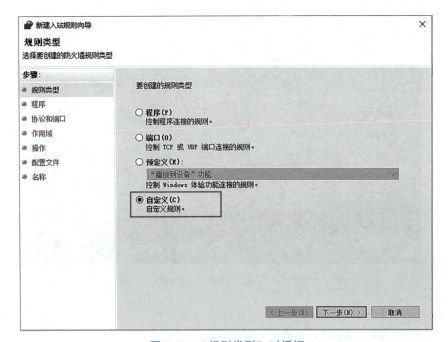

图 1-31 "规则类型"对话框

(4) 在"程序"对话框中,选择"所有程序",单击"下一步"按钮,如图 1-32 所示。
(5) 在"协议和端口"对话框中,在"协议类型"列表框中选择" ICMPv4",如图 1-33 所示,单击"下一步"按钮。

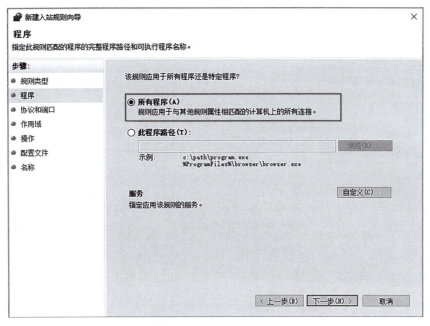

图 1-32 "程序"对话框

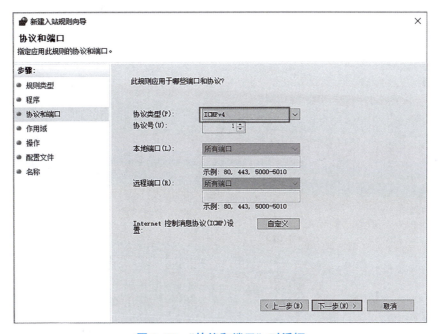

图 1-33 "协议和端口"对话框

（6）在"作用域"对话框，设置"此规则应用于哪些本地 IP 地址"和"此规则应用于哪些远程 IP 地址"，在本任务中，两处都选择"任何 IP 地址"，单击"下一步"按钮，如图 1-34 所示。

（7）在"操作"对话框中，设置"连接符合指定条件时应该进行什么操作"，有三个选项：允许连接、只允许安全连接和阻止连接。在本任务中，允许 ping 包进入，所以选择

"允许连接"单选框,单击"下一步"按钮,如图 1-35 所示。

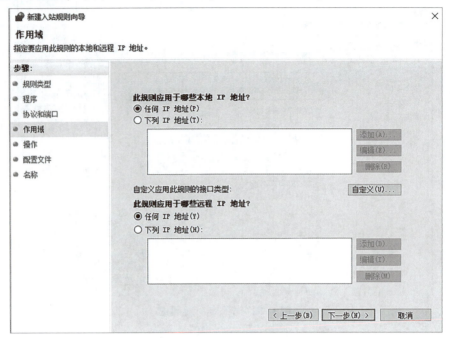

图 1-34 "作用域"对话框

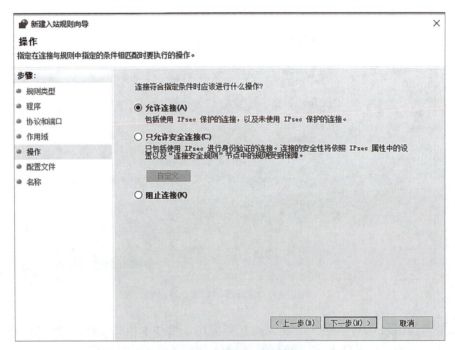

图 1-35 "操作"对话框

(8) 在"配置文件"对话框中,设置"何时应用该规则",如果全部选中,说明这个规则在域网络、专用网络和公用网络中都生效。在本任务中,没做特殊说明,均选择,如图1-36所示。

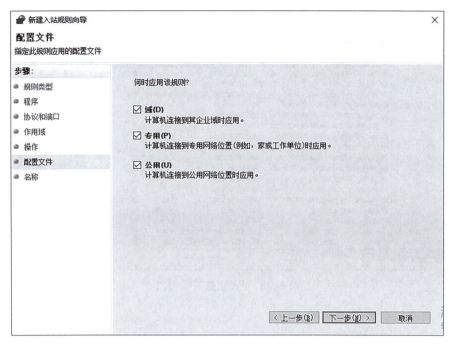

图1-36 "配置文件"对话框

（9）在"名称"对话框中，输入规则的名称及描述，单击"完成"按钮即可，如图1-37和图1-38所示。

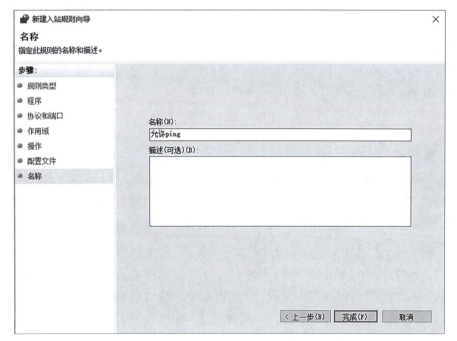

图1-37 "名称"对话框

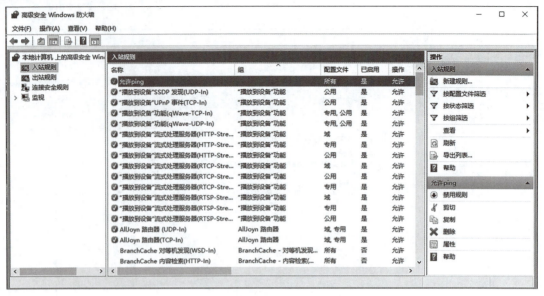

图 1-38 "入站规则"窗口

任务 1.4 配置 Windows Server 2022 的系统管理方式

【任务目标】

（1）开启服务器的远程桌面服务，并在远程计算机上使用 administrator 用户进行远程桌面连接。

（2）配置 MMC，创建控制台，包含管理单元"本地用户和组"、磁盘管理、计算机管理和高级安全 Windows Defender 防火墙。

（3）安装 Windows Admin Center，方便进行管理。

【知识链接】

1.4.1 远程桌面

远程桌面指的是一台计算机使用 TCP/IP 连接到网络上的一台计算机，从而实现对远程计算机的管理。默认情况下，Windows Server 2022 的远程桌面服务没有启用。远程桌面服务启用后，计算机会打开 3389 端口等待远程主机的连接，如图 1-39 所示。

1.4.2 MMC

Microsoft 管理控制台（MMC）可以实现对计算机的集中管理操作。MMC 提供了一个通用框架，可以在其中运行各种管理单元，以便使用单个接口管理多个服务。MMC 还允许自定义控制台。通过选取特定的管理单元，可以创建仅包含所需管理工具的管理控制台。通过在运行框里输入"mmc"，可打开控制台。

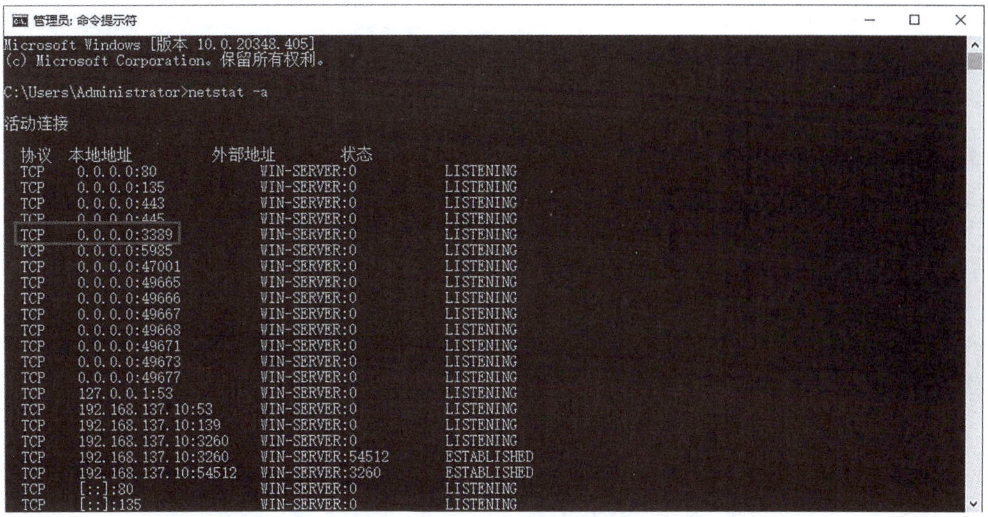

任务 1　安装和配置 Windows Server 2022

图 1-39　查看开放端口

1.4.3　Windows Admin Center 介绍

从 Windows Server 2019 开始，系统添加了内置的混合管理功能，即 Windows Admin Center。Windows Admin Center 将传统的 Windows Server 管理工具整合到基于浏览器的现代远程管理应用中。Windows Server 2019 之前的管理都是基于窗口或命令提示符及 MMC。Windows Admin Center 集成到一个界面集中管理，不用来回切换，并且可以用移动设备进行管理。

【任务实施向导】

1.4.4　开启远程桌面服务

（1）在图 1-40 所示的"本地服务器"界面中，单击"远程桌面"右侧的"已禁用"，打开"系统属性"对话框。

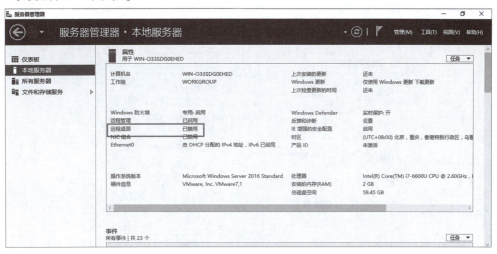

图 1-40　"本地服务器"界面

（2）在"系统属性"对话框中，选择"远程"选项卡，选中"远程桌面"组合框中的"允许远程连接到此计算机"单选项，即可开启远程桌面服务，如图1-41所示。

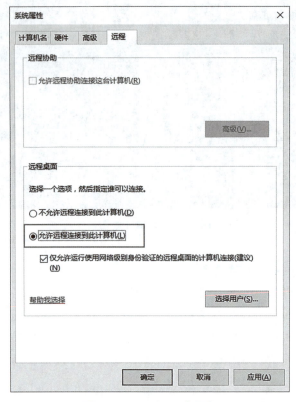

图1-41 "远程"选项卡

（3）在远程计算机上连接服务器的远程桌面。在远程计算机的运行框中输入"mstsc"或者在"开始"菜单中找到"远程桌面连接"客户端程序，启动"远程桌面连接"客户端程序。在图1-42所示的"远程桌面连接"对话框中，输入远程桌面服务器的计算机名称或IP地址，在本任务中，输入"192.168.50.10"，单击"连接"按钮。

图1-42 "远程桌面连接"对话框

（4）输入连接凭据。在图 1-43 所示的"输入你的凭据"对话框中，输入要连接的远程服务器上的用户名和密码，本任务中使用 administrator 用户进行登录，在第 1 个文本框中输入用户名 administrator，在第 2 个文本框中输入 administrator 用户的密码。输入完成后，单击"确定"按钮，此时服务器会进行用户验证，验证通过后，即可登录。登录成功的界面如图 1-44 所示。如果验证不通过，会继续出现此对话框，要求重新输入凭据。

图 1-43 "输入你的凭据"对话框

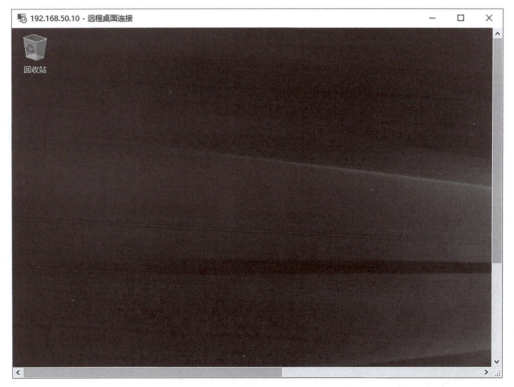

图 1-44 远程桌面连接成功界面

1.4.5 设置 MMC

（1）在"运行"对话框中，如图 1-45 所示，输入"mmc.exe"，打开 MMC 控制台。

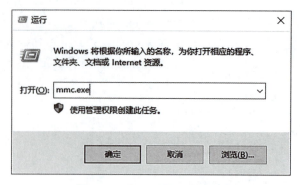

图 1-45 打开 MMC 控制台

（2）在"控制台 1-［控制台根节点］"窗口中，依次选择"文件"→"添加/删除管理单元"，如图 1-46 所示，打开"添加或删除管理单元"对话框。

图 1-46 "控制台 1-［控制台根节点］"窗口

（3）在"添加或删除管理单元"对话框中，选择可用的管理单元，单击中间的"添加"按钮，即可将管理单元添加到"所选管理单元"中。在本任务中，将本地用户和组、磁盘管理、计算机管理和高级安全 Windows Defender 防火墙添加到所选管理单元中，单击"确定"按钮，如图 1-47 所示。

（4）创建好的控制台如图 1-48 所示。

（5）保存控制台。在图 1-46 中，依次选择"文件"→"保存"，弹出图 1-49 所示的"保存为"对话框。在"保存在"列表框中选择保存的位置，在"文件名"文本框中输入控制台的名字,单击"保存"按钮,控制台文件即以.msc为扩展名进行存储。

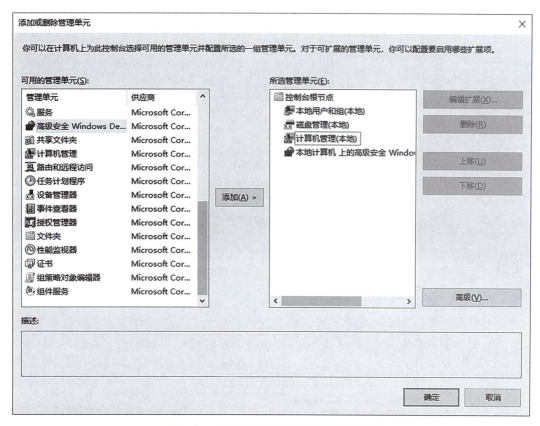

图1-47 "添加或删除管理单元"对话框

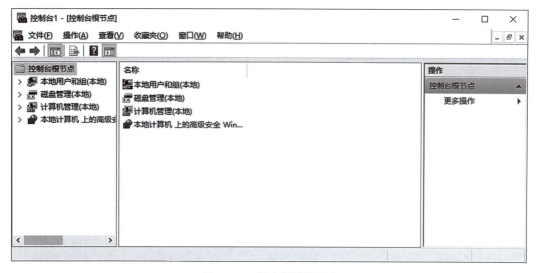

图1-48 创建好的控制台

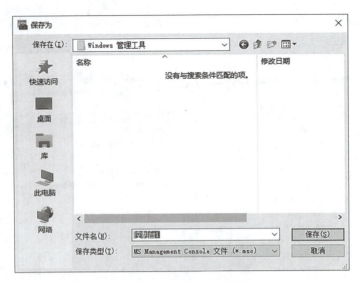

图 1-49 "保存为"对话框

1.4.6 安装 Windows Admin Center

（1）下载 Windows Admin Center 安装包。

（2）双击安装包，进入"Windows Admin Center 安装程序"对话框，在图 1-50 所示的"MICROSOFT 软件许可条款"对话框中，选中"我接受这些条款"，单击"下一步"按钮。

图 1-50 "MICROSOFT 软件许可条款"对话框

（3）在"配置网关端点"对话框中，根据需要选择向 Microsoft 发送的诊断数据，单击"下一步"按钮，如图 1-51 所示。

（4）在"使用'Microsoft 更新'来帮助保护并及时更新你的计算机"对话框中，根据需要进行选择，并单击"下一步"按钮，如图 1-52 所示。

（5）在"在 Windows Server 上安装 Windows Admin Center"对话框中，直接单击"下一步"按钮，如图 1-53 所示。

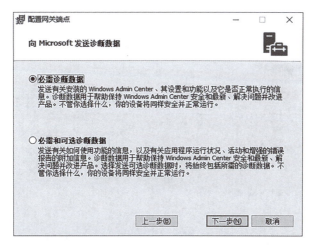

图 1-51 "配置网关端点"对话框

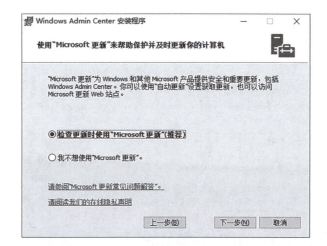

图 1-52 "使用'Microsoft 更新'来帮助保护并及时更新你的计算机"对话框

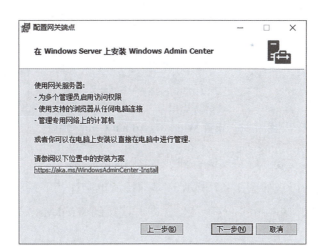

图 1-53 "在 Windows Server 上安装 Windows Admin Center"对话框

(6)在"配置网关端点"对话框中,勾选相关设置,单击"下一步"按钮,如图1-54所示。

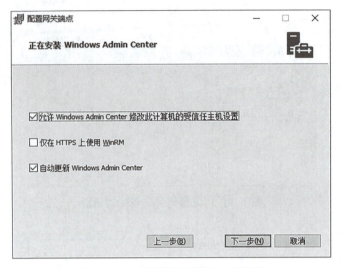

图1-54 "配置网关端点"对话框

(7)在如图1-55所示的对话框中,输入 Windows Admin Center 所使用的端口,默认是443,单击"安装"按钮。

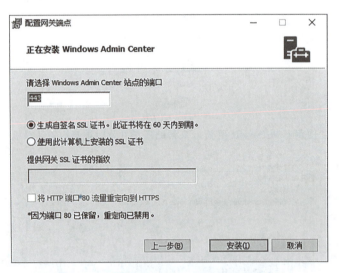

图1-55 设置 Windows Admin Center 端口

(8)程序开始进行安装,等待安装完成,如图1-56所示。

(9)安装完成后,出现如图1-57所示的"准备从电脑连接"对话框。

(10)打开浏览器,输入 https://IP:443,即可连接到 Windows Admin Center 中,对计算机进行管理,如图1-58所示。

任务1　安装和配置 Windows Server 2022

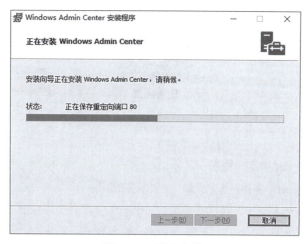

图 1-56　程序安装

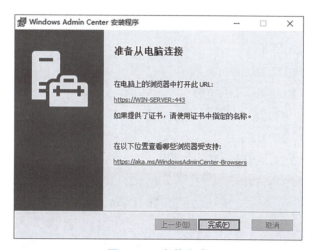

图 1-57　安装完成

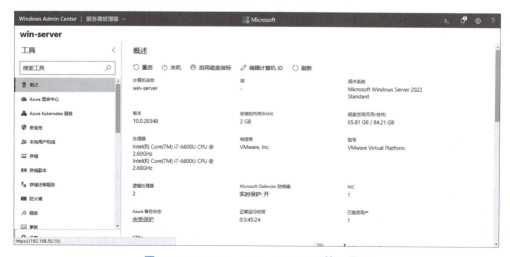

图 1-58　Windows Admin Center 管理界面

任务拓展

【知识测试】

1. 远程桌面服务使用的端口号是（　　）。
   A. 443　　　　　B. 445　　　　　C. 3389　　　　　D. 23

2. 安装 Windows Server 2022 操作系统后，第一次登录使用的账户名是（　　）。
   A. 使用 administrator 登录　　　　B. 匿名账户
   C. user　　　　　　　　　　　　　D. Guest

3. 下列不是 Windows Server 2022 的版本的是（　　）。
   A. Windows Server 2022 Standard 版
   B. Windows Server 2022 Enterprise 版
   C. Windows Server 2022 Datacenter 版
   D. Windows Server 2022 Essentials 版

4. 用（　　）命令可以测试网络的连通性。
   A. ipconfig　　　B. tracert　　　C. ping　　　D. ipconfig /all

5. Windows Server 2022 默认安装的位置是（　　）。
   A. C:\Winnt　　　　　　　　　　　B. C:\Windows 2022
   C. C:\Windows　　　　　　　　　　D. C:\Windows Server 2022

6. 若查看计算机 IP 地址的详细信息，用（　　）命令查看。
   A. ifconfig　　　　　　　　　　　B. ipconfig /all
   C. showipinfo　　　　　　　　　　D. tracert

7. Windows Server 2022 系统安装时，生成的 Windows 等文件夹是不能随意更改的，因为它们是（　　）。
   A. Windows 的桌面
   B. Windows 正常运行时所必需的应用软件文件夹
   C. Windows 正常运行时所必需的用户文件夹
   D. Windows 正常运行时所必需的系统文件夹

实训项目　Windows Server 2022 安装与测试

一、实训目的

（1）了解 Windows Server 2022 安装的条件及注意事项。
（2）掌握 Windows Server 2022 的安装方法。

(3) 会对 Windows Server 2022 进行基本的网络配置。
(4) 掌握远程桌面的配置方法。
(5) 掌握高级安全 Windows Defender 防火墙的配置。

二、实训背景

公司新购置了几台服务器，需要界面友好且功能强大的 Windows Server 2022 操作系统，并且安装完操作系统之后，进行系统配置和网络配置，主要是对系统桌面进行个性化配置，将常用图标添加到桌面上，设置合适的分辨率，配置计算机的 IP 地址，接入本地的局域网络，并且进行相应的高级安全防火墙的配置。

三、实训要求

（1）安装版本为 Windows Server 2022 Datacenter 版。
（2）管理员 administrator 密码设置为 Abc123456。
（3）将服务器的计算机名改为 WIN-SERVER，工作组为 WORKGROUP。
（4）设置显示属性：
①设置桌面图标：计算机、网络、回收站；
②将服务器管理器、cmd 程序、"运行"程序固定到任务栏中。
（5）设置 TCP/IP 信息，将服务器接入 Internet 中。
（6）开启服务器远程桌面功能，并用远程计算机登录 2022 虚拟机的远程桌面。
（7）设置高级安全 Windows Defender 防火墙。
①在专用网络中允许 ping 包的进入，规则的名称为"允许 ping"，并测试。
②在公用网络中禁止 Microsoft Edge 浏览器出网，规则名称为"禁止 Edge"，并测试。
③在公用网络中禁止外网进行远程桌面的连接，规则名称为"禁用远程桌面"，并测试。

任务 2

创建本地用户账户和组

任务背景

公司新购置的服务器上已经安装了界面友好且功能强大的 Windows Server 2022 操作系统。用户账户是本地登录计算机或通过网络访问计算机或网络资源的凭证。为了保证系统的安全，需要为服务器创建组和登录账户。该公司的组织结构图如图 2-1 所示。

图 2-1　公司组织结构图

知识目标

（1）理解本地用户和组的概念。

（2）理解内置的本地用户和组的作用。

能力目标

（1）能够用多种方法进行用户和组的创建。

（2）能够对用户和组进行管理。

素质目标

（1）培养团队协作精神，尊重他人，在合作中主动履职，并互相配合。

（2）具备精益求精的工匠精神。

任务 2.1　创建本地用户账户

【任务目标】

（1）使用图形化界面给销售部创建用户，用户名为销售部-user1。

（2）使用命令行界面给财务部创建用户，用户名为财务部-user1。

（3）对销售部-user1 和财务部-user1 进行管理。

【知识链接】

2.1.1 Windows 中的账户类型

用户账户是本地登录计算机或通过网络访问计算机或网络资源的凭证。用户在使用操作系统时，首先要输入账户名（用户在计算机内的账号）和密码，然后通过计算机系统的某种安全机制验证后，才能登录计算机。

在 Windows 组网的计算机网络中，有两种组网模式：一个是工作组模式，一个是域模式。根据工作模式不同，用户账户可分为本地用户账户和域用户账户。在工作组模式的计算机中创建的用户账户叫作本地用户账户，在域模式的域控制器中创建的账户叫作域用户账户。

在工作组的组网模式下，如图 2-2 所示，各个计算机之间的地位是平等的，网络资源被分散到各个计算机上，如果要访问某台计算机上的网络资源，必须通过本地或网络登录的方式登录到该计算机上才能进行访问，此时的身份认证需要在该计算机上进行。

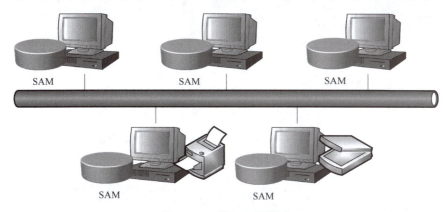

图 2-2　工作组组网模式

在域模式的组网模式下，如图 2-3 所示，有一台特殊的计算机，叫作域控制器，域控制器中存储着所有域中的资源列表，如果要访域中的资源，不管在哪台计算机上登录，都需要到域控制器上做身份认证。

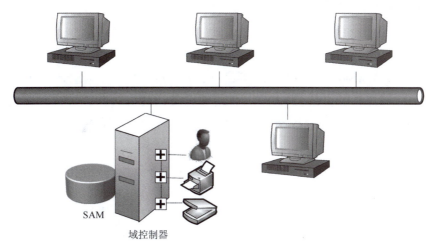

图 2-3　域组网模式

2.1.2 本地用户账户简介

本地用户账户的信息存放在 SAM 数据库中，SAM 数据库的路径是%systemroot%\system32\config\SAM。该数据库不能被删除。当用户登录系统时，SAM 数据库会对登录的账户和密码进行验证，验证通过，用户就可登录到服务器中。

本地用户账户存储在本地计算机上，只具有访问本台计算机上资源的能力。从本地登录或从网络登录后，即可访问本地资源。

本地用户账户创建后，就会被分配一个系统唯一的 SID 号（Security Identifiers，安全标识符）。SID 是标识用户、组和计算机账户的唯一号码。如果账户被删除后再创建同名账户，SID 会不一样，从而原有的权限也不再存在。可以通过 whoami 命令查看用户的 SID，如图 2-4 所示。

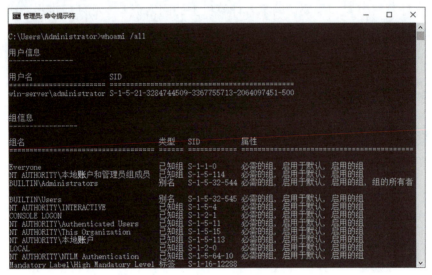

图 2-4　查看用户和组的 SID

只有本机管理员或具有相应权利的用户才能进行本地用户账户创建和管理。

2.1.3 内置的本地用户账户

Windows Server 2022 安装完成后，会自动创建一些本地用户账户，这些账户叫作内置的本地用户账户。Windows Server 2022 系统的内置账户有四个：Administrator、Guest、DefaultAccount、WDAGUtilityAccount。内置账户可以重命名、可以被禁用，但是不可以被删除。

Administrator 账户是安装完系统后第一次登录时使用的账号，它是管理员账户，拥有对整个系统硬件和软件资源的完全控制权限，可以执行整台计算机的管理任务。系统中至少要有一个管理员账户。

Guest 账户是为临时访问计算机的用户提供的。临时用户可以用 Guest 账户登录到系统，不需要输入密码，但是 Guest 用户拥有极少的权限，只能读取部分内容，不能修改文件及系统设置，也不能安装应用程序。Guest 账户默认情况下禁用，如果有必要，可以设置为启用。

DefaultAccount 是系统管理的用户账户，默认情况下是禁用的。

WDAGUtilityAccount 是系统为 Windows Defender 应用程序防护方案管理和使用提供的用

户账户，默认情况下也是禁用的。

内置的用户账户可以被重命名，但不可以被删除。

2.1.4 用户账户的命名规则

创建用户账户时，账户名的命名必须符合以下要求：

（1）账户名必须唯一，且不分大小写。

（2）账户名中不能包含以下保留字符：/、\、"、[、]、:、;、|、=、,、.、+、*、?、<、>、@。

（3）账户名最多可包含20字符，如果超过20个字符，则只识别前20个。

（4）账户名可包含字符和数字。

（5）账户名不能和组同名。

2.1.5 密码规则

用户账户是进入计算机的凭证，所以要尽量确保用户的密码不被破解。只有确保用户账户的安全，才能保证系统安全和数据安全。

默认情况下，给用户名设置密码必须符合密码复杂性要求，密码复杂性的要求如下：

（1）不包含全部或部分的用户账户名（连续的两个或两个以上）。

（2）包含来自以下4个类别中的至少3类字符：

大写英文字母；

小写英文字母；

10个基本数字；

非字母字符。

2.1.6 用户管理命令

（1）创建用户并设置密码：

net userusername password /add

（2）修改账户的密码：

net user usernamepassword

（3）查看当前系统下的用户：

net user

（4）查看用户信息：

net userusername

（5）删除用户：

net userusername/del

（6）激活或禁用账户：

net userusername /active:yes/no

【任务实施向导】

2.1.7 利用图像化界面创建用户

用户账户的创建和管理包括用户的创建、更改密码、删除、禁用、重命名等。

（1）打开"服务器管理器"，在"工具"菜单中选择"计算机管理"（或者在"运行"程序中使用"lusrmgr.msc"命令），打开本地用户和组的管理窗口。

（2）在本地用户和组的管理窗口中，展开"本地用户和组"，在"用户"文件夹上右击，在弹出的菜单中选择"新用户"，如图 2-5 所示。

图 2-5 本地用户和组管理窗口

（3）在打开的"新用户"对话框中，在用户名处输入要创建的用户账户名，全名和描述可根据需要填写。输入密码和确认密码后，单击"创建"按钮，如图 2-6 所示，可创建一个名为销售部-user1 的用户。

说明：

①用户名是用户登录时使用的账户名，是必填项，用户名具有唯一性。

②全名用于设置用户的全称，方便识别用户，可以设置，也可以不设置。

③描述用于设置用户的辅助性的描述信息，可以设置，也可以不设置。

④密码和确认密码用于设置用户的密码，是必填项，密码和确认密码必须一致。

⑤密码复选框的选择如下：

• 勾选"用户下次登录时须更改密码"，该用户在第一次登录系统时，系统会提示更改密码。

• 勾选"用户不能更改密码"，用户不能自己修改密码，如要修改密码，需要找管理员重置。此选项一般用于多人共用一个账户时。

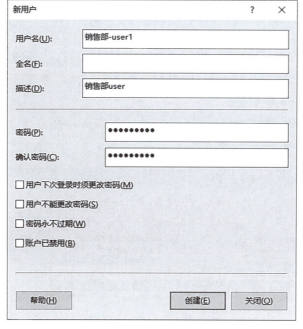

图 2-6 创建新用户界面

- 勾选"密码永不过期",系统不会提示到期更改密码,默认情况下,密码 42 天过期,过期前,系统会给出更改密码的提示。
- 勾选"账户已禁用",代表禁用账户,该账户无法再登录。

2.1.8 利用命令行创建用户

打开命令提示符界面,输入"net user 财务部-user1 Abc123456 /add",可以创建一个用户名为"财务部-user1",密码为"Abc123456"的用户账户。输入"net user"命令,可查看本机中的用户,如图 2-7 所示。

图 2-7 用命令行创建用户

2.1.9 对账户进行管理

1. 重设密码

重设密码一般由管理员来完成,当用户忘记密码时,可以找管理员为其重置密码。要注意的是,密码重置会造成不可逆的用户账户的信息丢失,如会造成 EFS 或凭据不可用。

例:给财务部-user1 重置密码

(1) 本地用户和组的管理窗口中,右击需要重设密码的用户名"财务部-user1",在弹出的菜单中选择"设置密码",如图 2-8 所示。

图 2-8 用户的右键菜单

(2) 此时会出现安全提示"重置密码会造成不可逆的用户账户信息丢失",如图 2-9 所示。如果确认要重置密码,单击"继续"按钮。

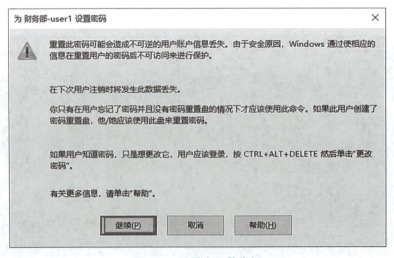

图 2-9 重置密码警告框

（3）在"为财务部-user1 设置密码"对话框中输入新的密码和确认密码后，单击"确定"按钮即可完成密码重设，如图 2-10 所示。

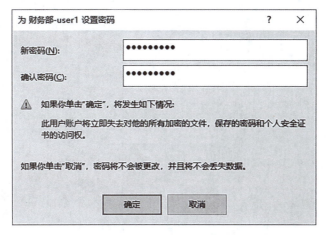

图 2-10　设置密码对话框

2. 更改密码

更改密码一般由用户自己来完成，当用户因安全性或其他需求需要修改密码时，可以自行修改密码。修改密码不会造成用户账户的信息丢失。

（1）按 Ctrl + Alt + Delete 组合键，在弹出的安全窗口中选择"更改密码"，如图 2-11 所示。

图 2-11　安全窗口

（2）在"更改密码"界面中输入要更改密码的用户的旧密码和新密码，单击右侧箭头即可，如图 2-12 所示。

3. 重命名账户

在用户列表中右击要重命名的账户，在弹出的菜单中选择"重命名"，输入新的用户名即可，如图 2-13 所示。

图 2-12 "更改密码"界面

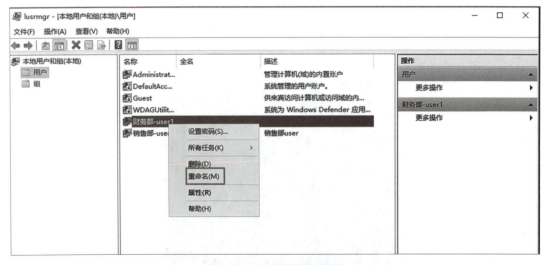

图 2-13 用户的右键菜单

4. 删除账户

在用户列表中右击要删除的账户,在弹出的菜单中选择"删除",即可将该用户删除。

5. 禁用与激活账户

如果用户临时休假一段时间,账户在一段时间内不会被使用,为了安全,可将账户禁用,账户被禁用后,不可再登录系统。如用户休假回来,再将账户激活。

在用户列表中右击要禁用或激活的账户,在弹出的菜单中选择"属性",打开用户的"属性"对话框,选择"常规"选项卡,选中"账户已禁用"复选框,单击"确定"按钮,该账户即被禁用。如图 2-14 所示。

图 2-14　用户的属性对话框

如果要重新启用某账户，只要取消勾选"账户已禁用"复选框即可。

任务 2.2　本地组的创建

【任务目标】

（1）用图形化界面创建组，组名为销售部。
（2）用命令行创建组，组名为财务部。
（3）将财务部-user1 加入财务部。
（4）将销售部-user1 加入销售部。

【知识链接】

2.2.1　本地组的概念

组是具有相同权限的用户的集合，创建组的目的是方便对具有相同权限的用户进行集中管理。可以将组想象成一个班级，而用户就是班级里的学生，当要给一批用户分配同一个权限时，就可以将这些用户都归到一个组中，只要给这个组分配权限，组内的用户就都会有拥有此权限。

当一个用户加入一个组后，该用户会继承该组所拥有的权限。一个用户账户可以同时加入多个组，继承多个权限，如图 2-15 所示。

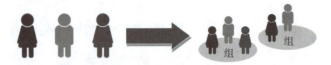

图 2-15　用户和组的关系

组的信息也存放在本地 SAM 数据库中。本地组创建后，也会被分配一个系统唯一的 SID 号。查看组的 SID，如图 2-4 所示。

2.2.2　内置的本地组

Windows Server 2022 安装完成后，会自动创建一些本地组，这些账户叫作内置的本地组。Windows Server 2022 系统的内置组有很多，并且已经赋予了相关权限，如图 2-16 所示。如 Backup Operators 组可以对服务器上的文件进行备份和还原，Network Configuration Operators 可以管理网络功能，Remote Desktop Users 组被授予远程登录的权限，等等。

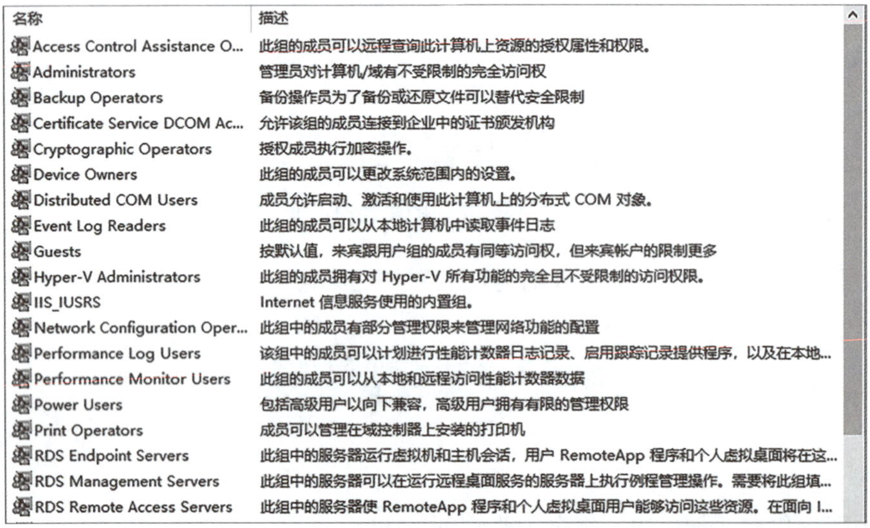

名称	描述
Access Control Assistance O...	此组的成员可以远程查询此计算机上资源的授权属性和权限。
Administrators	管理员对计算机/域有不受限制的完全访问权
Backup Operators	备份操作员为了备份或还原文件可以替代安全限制
Certificate Service DCOM Ac...	允许该组的成员连接到企业中的证书颁发机构
Cryptographic Operators	授权成员执行加密操作。
Device Owners	此组的成员可以更改系统范围内的设置。
Distributed COM Users	成员允许启动、激活和使用此计算机上的分布式 COM 对象。
Event Log Readers	此组的成员可以从本地计算机中读取事件日志
Guests	按默认值，来宾跟用户组的成员有同等访问权，但来宾帐户的限制更多
Hyper-V Administrators	此组的成员拥有对 Hyper-V 所有功能的完全且不受限制的访问权限。
IIS_IUSRS	Internet 信息服务使用的内置组。
Network Configuration Oper...	此组中的成员有部分管理权限来管理网络功能的配置
Performance Log Users	该组中的成员可以计划进行性能计数器日志记录、启用跟踪记录提供程序，以及在本地...
Performance Monitor Users	此组的成员可以从本地和远程访问性能计数器数据
Power Users	包括高级用户以向下兼容，高级用户拥有有限的管理权限
Print Operators	成员可以管理在域控制器上安装的打印机
RDS Endpoint Servers	此组中的服务器运行虚拟机和主机会话，用户 RemoteApp 程序和个人虚拟桌面将在这...
RDS Management Servers	此组中的服务器可以在运行远程桌面服务的服务器上执行例程管理操作。需要将此组填...
RDS Remote Access Servers	此组中的服务器使 RemoteApp 程序和个人虚拟桌面用户能够访问这些资源。在面向 I...

图 2-16　内置的本地组

2.2.3　组的管理命令

1. 创建组

```
net localgroup groupname /add
```

2. 查看系统中的组

```
net localgroup
```

3. 添加用户到组

```
net localgroup groupname username /add
```

4. 查看组的成员

netlocalgroup groupname

5. 将用户从组中删除

netlocalgroup groupname username

6. 删除组

netlocalgroup groupname/del

【任务实施向导】

2.2.4 利用图形化界面创建组

（1）打开"服务器管理器"，在"工具"菜单中选择"计算机管理"（或者在"运行"程序中使用"lusrmgr.msc"命令），打开本地用户和组的管理窗口。

（2）在本地用户和组的管理窗口中，展开"本地用户和组"，在"组"文件夹上右击，在弹出的菜单中选择"新建组"，如图2-17所示。

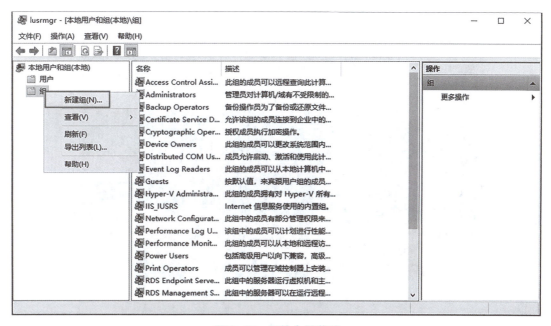

图2-17 组的右键菜单

（3）在"新建组"对话框中，输入组的名字"销售部"，描述可根据需要填写，输入完成后，单击"创建"按钮即可，如图2-18所示。

2.2.5 使用命令行创建组

打开命令提示符界面，输入"net localgroup 财务部 /add"，可以创建一个组名为"财务部"的本地组。输入"net localgroup"可查看本机中的组，如图2-19所示。

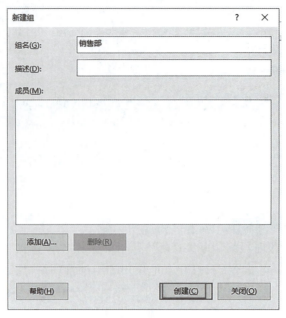

图 2-18 "新建组"对话框

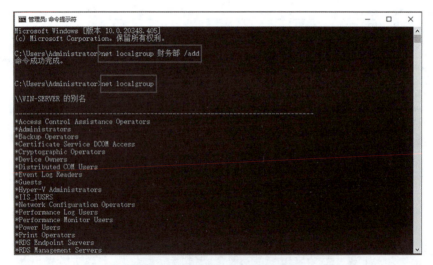

图 2-19 用命令行创建及查看组

2.2.6 将用户加入及移出组

方法 1：更改组的属性，向组中添加成员。

(1) 右击要更改属性的组名"财务部"，在弹出的菜单中选择"属性"，打开"财务部属性"对话框，单击"添加"按钮，如图 2-20 所示。

(2) 在"选择用户"对话框中，在文本框中的"输入对象名称来选择"中输入"财务部-user1"，或者在"高级"里进行用户查找，查找到"WIN-SERVER\财务部-user1"，单击"确定"按钮即可，如图 2-21 所示。

注意：用户加入组后，下次重启后成员关系才生效。

图 2-20 "财务部属性"对话框

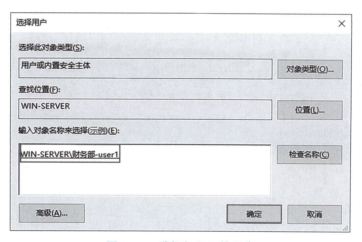

图 2-21 选择加入组的用户

（3）如果要将财务部-user1 用户在财务部组中删除，打开"财务部属性"对话框，选中"财务部-user1"用户，单击"删除"按钮即可，如图 2-22 所示。

方法 2：设置用户的属性，将其加入组。

（1）右击要更改属性的用户"销售部-user1"，在弹出的菜单中选择"属性"，打开"销售部-user1"属性对话框，选择"隶属于"选项卡，单击"添加"按钮，如图 2-23 所示。

（2）在"选择组"对话框中输入"销售部"，或者在"高级"中进行查找，找到"WIN-SERVER\销售部"并选中，单击"确定"按钮即可，如图 2-24 所示。

图 2-22 将用户从组中删除

图 2-23 用户属性对话框

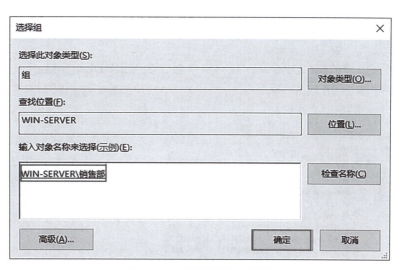

图 2-24 "选择组"对话框

（3）如果要将销售部-user1 用户在销售部组中删除，则打开"销售部-user1 属性"对话框，选择"隶属于"选项卡，选中"销售部"，单击"删除"按钮即可，如图 2-25 所示。

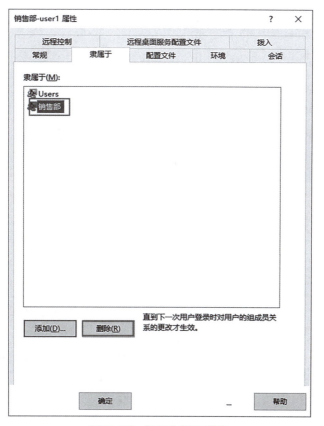

图 2-25 从组中删除用户

2.2.7 管理组

1. 重命名组

打开要重命名的组的属性对话框，并右击该组，在弹出的菜单中选择"重命名"，输入新的组名即可，如图 2-26 所示。

图 2-26　重命名组

2. 删除组

打开要删除的组的属性对话框，并右击该组，在弹出的菜单中选择"删除"即可。

任务拓展

【知识测试】

1. 本地账户一旦被创建，就会被分配一个系统唯一的 SID 号，并被记录在本地的（　　）中。

  A. SAM 数据库　　　B. 活动目录　　　C. 组织单位 OU　　　D. MySQL

2. 下述账户名不合法的是（　　），无法创建此账户。

  A. bitc_2h　　　B. BITC2H　　　C. bi * tc　　　D. bitc 2h

3. 下列账户默认情况下是禁用的是（　　）。

  A. Administrators　　　B. Users　　　C. Administrator　　　D. Guest

4. 如果使某用户能够备份本部门的资料，但是又不想让他拥有其他管理权限，那么该用户应该被加入（　　）组。
   A. Administrators B. Backup Operators
   C. Users D. Power users
5. 新建的用户默认属于（　　）。
   A. Administrators 组 B. Users 组 C. Guests 组 D. Power users 组
6. 创建用户 zhangsan 时，下列（　　）密码能满足密码安全策略要求。
   A. zh1234 B. Zs1234 C. zhangsan1234 D. zhang，1234
7. 下列命令可以打开"本地用户和组"管理界面的是（　　）。
   A. luser.msc B. lusrmgr.msc C. lusrmgmt.msc D. localuser.msc

实训项目　本地用户和组的创建

一、实训目的
(1) 掌握操作系统中用户的创建和管理方法。
(2) 掌握操作系统中组的创建和管理方法。

二、实训背景
公司需要在已安装完的操作系统上根据公司的组织结构创建用户，公司的组织结构如图 2-1 所示。

三、实训要求
(1) 利用图形化界面为管理部创建组，组名为管理部，创建用户总经理、秘书，并将这两个用户加入组中。
(2) 利用批处理的方式实现以下内容：
①组：质检部。
②用户：质检部经理，质检部-user1，质检部-user2，质检部-user3。
③将这三个用户加入组中。
(3) 将用户总经理、秘书加入 administrators 组中，提升他们的权限。
(4) 将用户质检部经理加入系统内置的远程桌面组中，并测试该用户能否进行远程桌面登录。
(5) 测试未加入远程桌面组的质检部-user1 能否进行远程桌面登录。

任务 3

本地安全策略

任务背景

公司的网络管理员在服务器上创建完用户之后，为了保障系统的安全性，需要对这些用户账号定义一些安全设置。这些安全设置包括账户策略、本地策略等。

知识目标

（1）了解本地安全策略的概念。

（2）熟悉账户策略、本地策略的具体内容。

能力目标

（1）会设置密码策略、账户锁定策略。

（2）会设置审核策略、安全选项和用户权限分配。

素质目标

树立网络安全意识。

任务 3.1　本地安全策略的概念

【知识链接】

3.1.1　本地安全策略的概念

本地安全策略指的是对用户登录的计算机及账号定义一些安全设置规则。这些安全规则应用在工作组模式的网络环境下，以保障计算机的安全性。如设置密码的复杂性规则、用户登录尝试次数、指派用户权限等。本地安全策略主要影响的是本地计算机的安全设置。

Windows Server 2022 中的本地安全策略包含很多内容，本书主要涉及的是账户策略、本地策略和高级安全 Windows Denfender 防火墙。其中账户策略又包含了密码策略和账户锁定策略，本地策略包含了审核策略、用户权限分配和安全选项。

3.1.2　本地安全策略的打开

（1）通过图形化界面打开。依次单击"开始"菜单→"Windows 管理工具"→"本地安全策略"，或者"服务器管理器"→"工具"菜单→"本地安全策略"。

（2）通过命令打开。在"运行"窗口中输入"secpol.msc"即可打开。

打开后的窗口如图 3-1 所示。

图 3-1　"本地安全策略"管理界面

任务 3.2　创建密码策略

【任务目标】

设置密码策略：

（1）密码必须符合复杂性要求。

（2）密码长度最小值 8。

（3）密码最短使用期限 3 天。

（4）密码最长使用期限 9 天。

（5）不能使用此密码之前用过的 3 个旧密码。

【知识链接】

3.2.1　密码策略介绍

密码策略主要对账户密码设置一定的规则。密码策略的默认规则如图 3-2 所示。

1. 放宽最小密码长度限制

此策略如果被设置为启用，那么密码长度的最小值最大可以设置为 128；如果不启用，那么密码长度的最小值最大可以设置为 14。该规则默认情况下是禁用。

图 3-2 密码策略

2. 密码必须符合复杂性要求

此策略如果被设置为启用，则给账户设置密码时，必须符合以下要求：

（1）不能包含用户的账户名，不能包含用户名中超过两个连续字符的部分。

（2）密码长度至少有六个字符。

（3）包含以下四类字符中的三类字符：大写字母、小写字母、数字和非字母字符。

该规则默认情况下是启用。

3. 密码长度最小值

该策略用于设置密码的最小长度，范围是 0~14，如果设置成 0，代表可以不设置密码。如果设置了放宽密码最小长度限制为启用，则范围可为 0~128。该规则默认设置为 0。

4. 密码最短使用期限

该策略用于设置用户在设置密码后，必须使用该密码的天数。范围是 0~998，如若设置为 0，则表示允许立即更改密码。该规则默认设置为 0。

5. 密码最长使用期限

该策略用于设置密码用够一定的天数之后必须修改。范围是 0~999，默认为 42 天。如若设置 0，代表密码永不过期。

6. 强制密码历史

该策略用于设置系统能记住的最近曾经设置过的密码的个数。范围是 0~24，如果设置为 0，代表不记住密码，设置时可使用任意曾经设置过的密码。该规则默认设置为 0。

7. 用可还原的加密来储存密码

该策略用于设置操作系统是否使用可还原的加密来储存密码，该规则默认为禁用。

8. 最小密码长度审核

如果设置了最小密码长度，并且新密码的长度小于此值，则会产生审核事件。范围是 1~128。

【任务实施向导】

3.2.2 创建密码策略

打开"本地安全策略"窗口，展开"安全设置"，展开"账户策略"，单击"密码策略"文件夹。

（1）双击"密码必须符合复杂性要求"策略，打开"密码必须符合复杂性要求属性"对话框，选择"已启用"单选项，单击"确定"按钮，如图 3-3 所示。

图 3-3 "密码必须符合复杂性要求属性"对话框

（2）打开"密码长度最小值属性"对话框，在"密码必须至少是："下方输入"8"，单击"确定"按钮，如图 3-4 所示。

（3）打开"密码最短使用期限属性"对话框，在"在以下天数后可以更改密码："下方输入"3"，单击"确定"按钮，如图 3-5 所示。

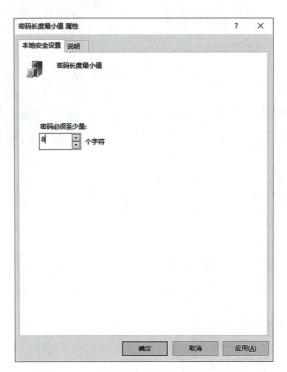

图 3-4 "密码长度最小值属性"对话框

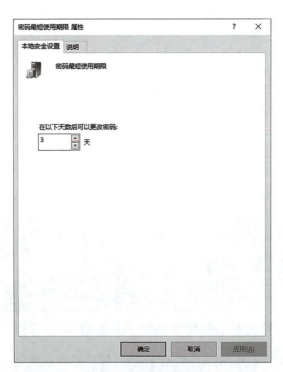

图 3-5 "密码最短使用期限属性"对话框

（4）打开"密码最长使用期限属性"对话框，在"密码过期时间："下方输入"9"，单击"确定"按钮，如图 3-6 所示。

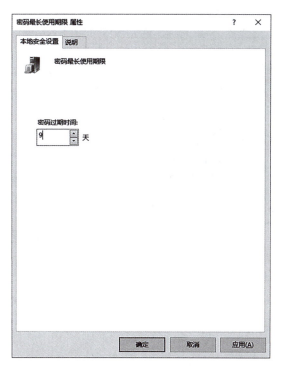

图 3-6 "密码最长使用期限属性"对话框

（5）打开"强制密码历史属性"对话框，在"保留密码历史："下方输入"3"，单击"确定"按钮，如图 3-7 所示。

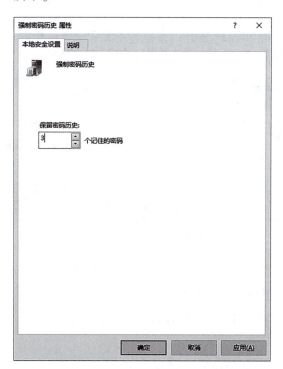

图 3-7 "强制密码历史属性"对话框

（6）全部设置完成后，如图3-8所示。

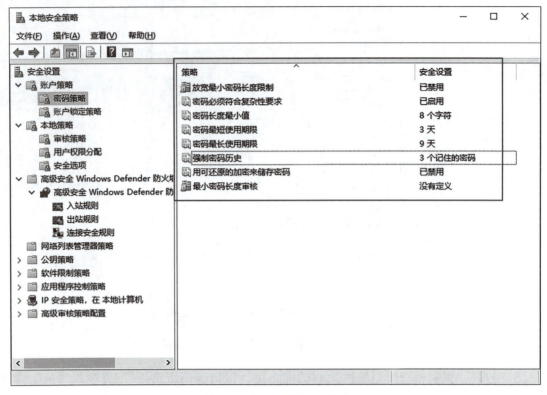

图3-8 设置好的密码策略

（7）验证密码长度最小值：新建一个用户财务部-user2，设置一个小于8位的密码，因为不符合密码长度最小值策略，所以设置失败，如图3-9所示。

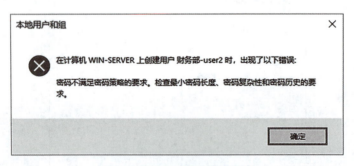

图3-9 密码不符合策略要求

（8）验证密码最短使用期限：按住Ctrl+Alt+Del组合键，在安全窗口中选择"更改密码"，输入要更改密码的用户名及原始密码、新密码等，如图3-10所示。

（9）单击右边箭头确认，因为不符合密码最短使用期限策略，在3天内更改了密码，所以显示更改失败，如图3-11所示。

图 3-10　更改密码

图 3-11　密码更改失败

任务 3.3　创建账户锁定策略

【任务目标】

为了避免非法用户无限次尝试非法登录系统，设置若用户在 15 分钟内连续输错 3 次密码，则锁定该用户 30 分钟。

【知识链接】

3.3.1 账户锁定策略介绍

账户锁定是指在某些情况下，为保护该账户的安全而将此账户进行锁定，使其在一定时间内不能再次使用。默认的账户锁定策略如图 3-12 所示。

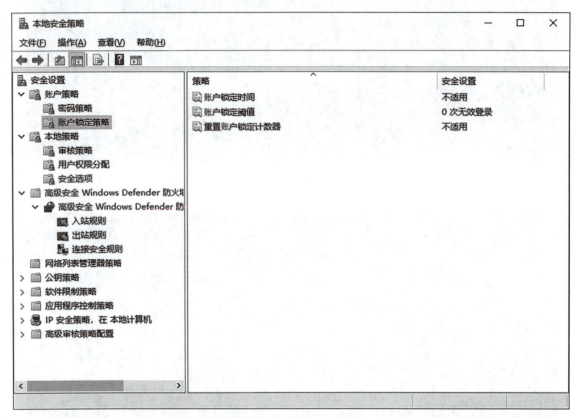

图 3-12 账户锁定策略

（1）账户锁定时间：该策略用于设置账户锁定后到自动解锁之前保持锁定的时间。范围为 0~99 999 分钟。如果设置为 0，表示不会自动解锁，需由管理员手动解锁。

（2）账户锁定阈值：该策略用于设置登录尝试失败的次数，超过该次数，账户就会被锁定。范围是 0~999。如果将值设置为 0，则永远不会锁定账户。

（3）重置账户锁定计数器：该策略用于设置在某次登录尝试失败之后将登录尝试失败计数器重置为 0 次错误登录尝试之前需要的时间。范围是 1~99 999 分钟。

注意：设置账户策略时，要先设置账户锁定阈值，并且账户锁定时间不能小于账户锁定计数器。

【任务实施向导】

3.3.2 创建账户锁定策略

任务分析：用户在 15 分钟内连续输错 3 次密码，则锁定该用户 30 分钟，对应的属性设置为：账户锁定阈值为 3，账户锁定时间为 30 分钟，重置账户锁定计数器为 15 分钟。

（1）打开"本地安全策略"窗口，展开"安全设置"，展开"账户策略"，单击"账户锁定策略"文件夹。

（2）打开"账户锁定阈值属性"对话框，将"在发生以下情况之后，锁定账户："下方输入"3"，单击"确定"按钮，如图 3-13 所示。

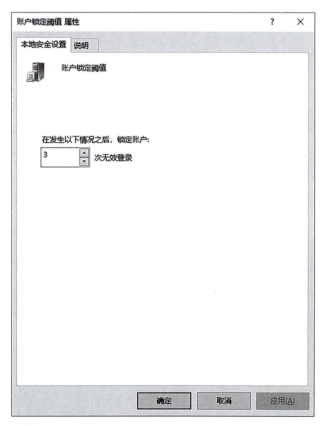

图 3-13 "账户锁定阈值属性"对话框

（3）打开"账户锁定时间属性"对话框，在"账户锁定时间:"下方输入"30"，单击"确定"按钮，如图 3-14 所示。

（4）打开"重置账户锁定计数器属性"对话框，在"在此后重置账户锁定计数器"下方输入"15"，单击"确定"按钮，如图 3-15 所示。

（5）设置好的界面如图 3-16 所示。

（6）验证：用任意账户如财务部-user2 登录，在 15 分钟之内尝试 3 次错误登录，账户锁定，如图 3-17 所示，30 分钟后，账户才能自动解锁。

图 3-14 "账户锁定时间属性"对话框

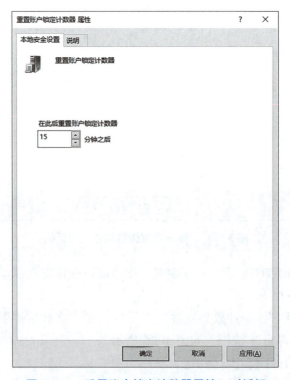

图 3-15 "重置账户锁定计数器属性"对话框

任务 3　本地安全策略

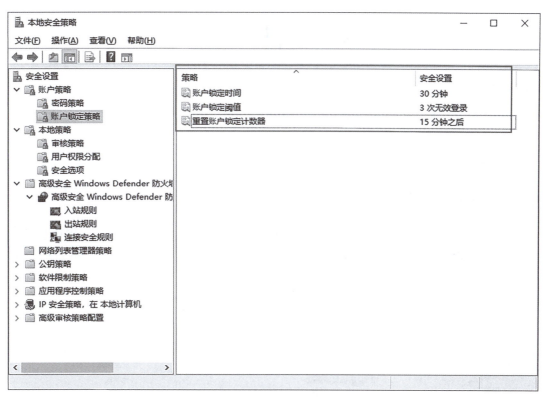

图 3-16　设置好的账户锁定策略

图 3-17　账户锁定

任务 3.4 创建审核策略

【任务目标】

（1）对账户管理事件进行成功和失败的审核。

（2）对系统登录事件进行成功和失败的审核。

【知识链接】

3.4.1 审核策略介绍

审核就是通过在计算机的安全日志中记录选定类型的事件来跟踪用户和操作系统的活动。审核策略是指是否在安全日志中记录登录用户的操作事件。审核策略包含的内容如图 3-18 所示。

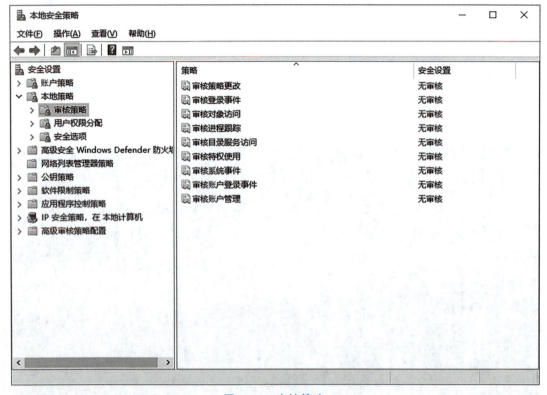

图 3-18 审核策略

（1）审核策略更改：该策略用于确定是否对账户策略、审核策略等策略的更改进行审核。

（2）审核登录事件：该策略用于确定是否对尝试登录此计算机或从中注销的用户的每个实例进行审核。

（3）审核对象访问：该策略用于确定在活动目录环境下，是否对用户访问某个非活动目录对象进行审核。

（4）审核目录服务访问：该策略用于确定是否对访问活动目录对象的用户尝试进行审核。

（5）审核进程跟踪：该策略用于确定是否审核与进程相关的事件，如进程创建、进程终止等。

（6）审核特权使用：该策略用于确定是否审核执行用户权限的用户的每个实例。

（7）审核账户登录事件：该策略用于确定是否审核在这台计算机用于验证账户时，用户登录到其他计算机或者从其他计算机注销的每个实例，通常用于活动目录环境下。

（8）审核账户管理：该策略用于确定是否审核计算机上的每个账户管理事件。如是否创建、更改或删除用户账户或组等。

（9）审核系统事件：该策略用于确定是否在用户重新启动或关闭计算机时或发生影响系统安全或安全日志的事件时进行审核。如是否尝试更改系统时间，是否尝试安全启动或关闭系统等。

3.4.2 Windows 中的事件 ID

在审核策略事件中，部分事件 ID 见表 3-1、表 3-2。

表 3-1 部分账户管理事件 ID

事件 ID	说明	事件 ID	说明
4720	用户账户已创建	4738	用户账户已被改变
4722	用户账户已启用	4739	域政策已经更改
4723	试图更改账户密码	4740	用户账户被锁定
4724	试图重置账户密码	4741	计算机账户已创建
4725	用户账户被停用	4742	计算机账户已更改
4726	用户账户已删除	4743	计算机账户已删除
4727	安全全局组已经创建	4754	安全通用组已创建
4728	一名用户被添加到安全全局组	4755	安全通用组已创建更改
4729	一名用户从安全全局组解除	4756	一名用户被添加到安全通用组
4730	安全全局组已经删除	4757	一名用户被安全通用组解除
4731	安全本地组已经创建	4758	安全本地组已经删除
4732	一名用户被添加到安全本地组	4765	SID 历史记录被添加到一个账户
4733	一名用户被安全本地组解除	4766	尝试添加 SID 历史记录到账户失败
4734	安全本地组已经删除	4767	用户账户被锁定
4735	安全本地组已经更改	4780	对管理组成员的账户设置了 ACL
4737	安全全局组已经更改	4781	账户名称已经更改

表 3-2　部分登录事件 ID

事件 ID	说明	事件 ID	说明
4634	账户被注销	4778	会话被重新连接到 Windows Station
4647	用户发起注销	4779	会话断开连接到 Windows Station
4624	账户已成功登录	4800	工作站被锁定
4625	账户登录失败	4801	工作站被解锁
4648	试图使用明确的凭证登录	4802	屏幕保护程序启用
4675	SID 被过滤	4803	屏幕保护程序被禁用
4649	发现重放攻击	5378	所要求的凭证代表是政策所不允许的

【任务实施向导】

3.4.3　创建审核策略

1. 对账户管理事件进行成功和失败的审核

（1）打开"本地安全策略"窗口，展开"安全设置"，展开"本地策略"，单击"审核策略"文件夹。

（2）在"审核账户管理属性"对话框中，将审核账户管理事件的安全设置为成功和失败的审核，如图 3-19 所示。

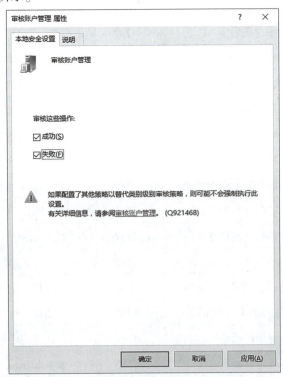

图 3-19　"审核账户管理属性"对话框

(3) 生成账户管理成功和失败的事件。

创建、更改或删除用户账户或组均属于账户管理。创建用户财务部-user3，成功创建可生成账户管理成功的事件，更改财务部-user3 的密码，更改失败会生成账户管理失败的事件。也可以进行其他的账户管理操作，以生成事件。

(4) 在"运行"程序中输入"eventvwr.msc"，打开"事件查看器"，在"Windows 日志"中的安全日志中可以看到审核事件，如图 3-20 所示。

图 3-20　审核事件

(5) 选择操作中的"筛选当前日志…"命令，打开如图 3-21 所示的对话框，事件 ID 输入"4723"，关键字选择"审核失败"，单击"确定"按钮。

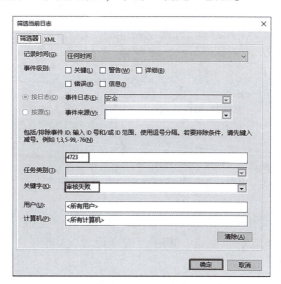

图 3-21　筛选日志

（6）双击筛选出来的日志，即可查看账户管理失败的日志的详细信息，如图 3-22 所示。

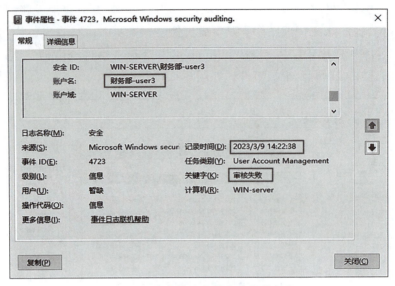

图 3-22　账户管理审核失败事件日志

（7）再次筛选，事件 ID 输入"4720"，关键字选择"审核成功"，即可查看账户管理成功的日志，如图 3-23 所示。

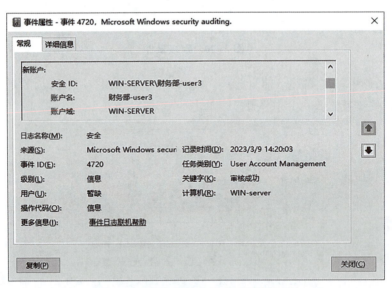

图 3-23　账户管理审核成功事件日志

2. 对系统登录事件进行成功和失败的审核

（1）打开"本地安全策略"窗口，展开"安全设置"，展开"本地策略"，单击"审核策略"文件夹。

（2）在"审核登录事件属性"对话框中，将审核登录事件的安全设置为成功和失败的审核，如图 3-24 所示。

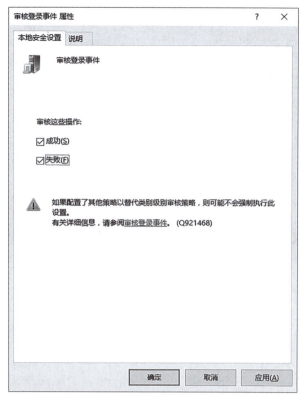

图 3-24 "审核登录事件属性"对话框

（3）生成登录事件。以用户财务部-user3 进行一次失败登录、一次成功登录。

（4）切换到 administrator 用户登录。打开事件查看器，在 Windows 日志中的安全中，筛选出审核失败（事件 ID 为 4625）和成功（事件 ID 为 4624）的记录，如图 3-25 和图 3-26 所示。

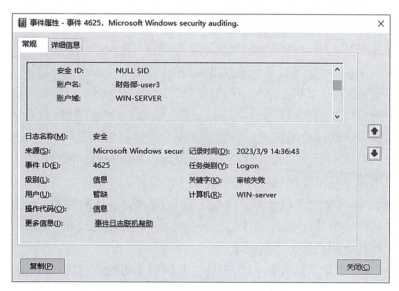

图 3-25 账户登录审核失败事件

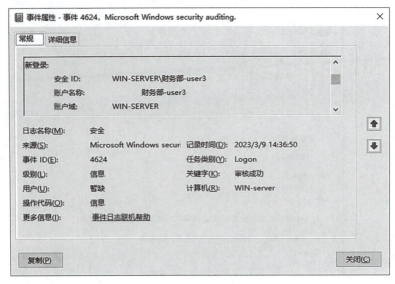

图 3-26 账户登录审核成功事件

任务 3.5 创建用户权限分配策略

【任务目标】

（1）设置财务部-user1 具有更改系统时间的权限。
（2）销售部-user1 允许远程桌面服务登录。

【知识链接】

3.5.1 用户权限分配介绍

用户权限分配是指某个或某些用户被分配了在本地的计算机系统中，能或不能执行各项特殊任务的权利及限制。用户权限分配大致分为两部分：登录权限和特权控制。

登录权限控制为谁授予登录计算机的权限以及他们的登录方式，比如拒绝本地登录、允许本地登录等；特权控制对计算机上系统范围的资源的访问，比如关闭系统、更改系统时间等。

用户权限分配窗口如图 3-27 所示。其中，安全设置中设置了能够执行该策略的 yoghurt 或组，如果要给某用户或组分配权限，只需要在安全设置中加入该用户或组即可。同理，要删除某用户或组的特殊权限，在安全设置中删除该用户和组即可。

常用到的几个用户权限分配选项介绍如下：

从/拒绝从网络访问此计算机：默认情况下任何用户均可从网络访问计算机，根据实际需要可以撤销某账户或组从网络访问的权限；有些用户只在本地使用，不允许通过网络访问此计算机，就可以将此用户加入该策略中。

允许在本地登录/拒绝本地登录：此登录权限确定了可交互式登录到该计算机的用户，如果需要通过 Ctrl+Alt+Del 组合键启动登录，则用户需要拥有此登录权限。

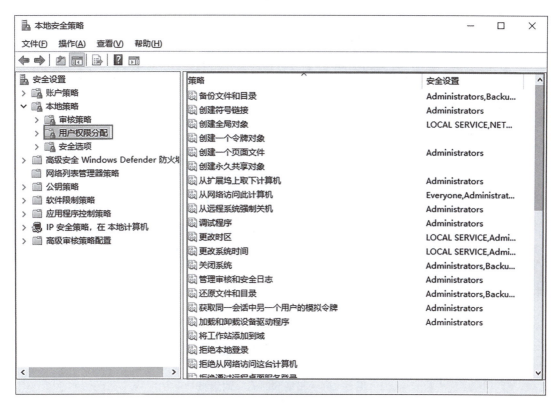

图 3-27 用户权限分配窗口

允许/拒绝通过远程桌面服务登录：默认情况下，只有 Administrators 组和 Remote Desktop 组成员可以远程登录，如果限制其中某用户登录，就可以将此用户加入该策略中。

更改时区、更改系统时间：如果某些普通用户具有更改时间和时区的权限，就可以将此用户加入该策略中。

关闭系统：如果某些普通用户具有关闭系统的权限，就可以将此用户加入该策略中。

远程关机：如果某些普通用户具有远程关闭系统的权限，就可以将此用户加入该策略中。远程关机可使用如下命令：Shutdown-s-m\\COMPUTERip-t time。

【任务实施向导】

3.5.2 创建用户权限分配策略

1. 设置财务部-user1 具有更改系统时间的权限

（1）设置策略前，财务部-user1 不具有更改系统时间的权限。用财务部-user1 登录系统，依次选择"控制面板"→"日期和时间"，打开"日期的时间"对话框，单击"更改日期和时间"按钮，如图 3-28 所示。

（2）此时，弹出权限提升提示，如图 3-29 所示。说明该用户没有权限更改系统时间，要想更改系统时间，需要提升权限。

（3）切换到 Administrator 用户登录，打开本地策略中的用户权限分配策略。双击图 3-27

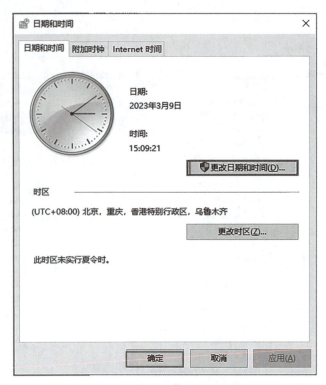

图 3-28 "日期和时间"对话框

图 3-29 提升权限提示

中的"更改系统时间"策略,打开"更改系统时间属性"对话框。

(4) 在"更改系统时间属性"对话框中,单击"添加用户或组"按钮,添加上"财务部-user1"用户,添加好后,单击"确定"按钮,如图 3-30 所示。

图 3-30　更改系统时间属性设置

（5）切换回财务部-user1 用户登录，再次更改系统时间。发现该用户具有了更改系统时间权限了，如图 3-31 所示。

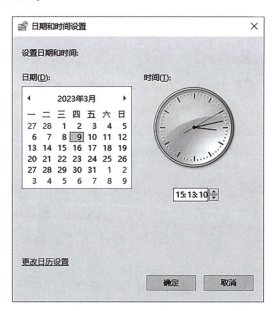

图 3-31　日期和时间设置

2. 设置销售部-user1 允许远程桌面服务登录

（1）销售部-user1 没有远程桌面登录的权限。在远程计算机中（注意：务必要保证远程计算机与服务器的连通性及服务器的远程桌面服务启动），打开远程桌面程序（在"运行程序"中输入"mstsc"）后，输入要连接服务器的 IP 地址，要求验证凭据时输入用户销售部-user1 及其密码，如图 3-32 所示，单击"确定"按钮，系统会给出拒绝提示，表示该用户没有权限，如图 3-33 所示。

图 3-32 远程桌面连接凭据

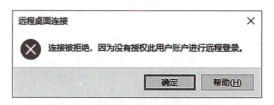

图 3-33 拒绝远程桌面登录

（2）切换到 Administrator 用户登录，打开本地策略中的用户权限分配。双击图 3-27 中的"允许通过远程桌面服务登录"策略，打开"允许通过远程桌面服务登录属性"对话框，单击"添加用户或组"按钮，添加上"销售部-user1"用户，单击"确定"按钮，如图 3-34 所示。

（3）在远程计算机中，打开远程桌面连接程序进行连接，登录时输入用户"销售部-user1"及其密码，单击"确定"按钮，发现可以进行远程登录。登录后的界面如图 3-35 所示。

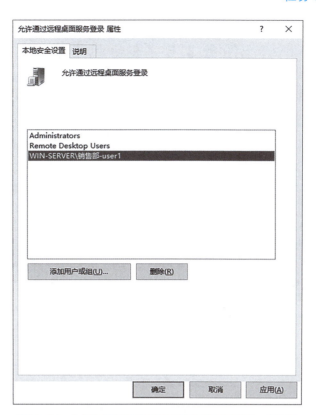

图 3-34 "允许通过远程桌面服务登录属性"对话框

图 3-35 远程桌面连接成功

任务 3.6　安全选项

【任务目标】

（1）为安全起见，在交互式登录界面不显示登录名。

（2）设置使用空白密码的本地账户只允许进行控制台登录（远程登录可用远程桌面连接做测试）。

【知识链接】

3.6.1　安全选项介绍

安全选项控制一些和操作系统安全相关的设置，主要包含 Microsoft 网络服务器策略、关机策略、交互式登录策略、设备策略、网络安全策略、用户账户控制策略等。安全选项的内容如图 3-36 所示。

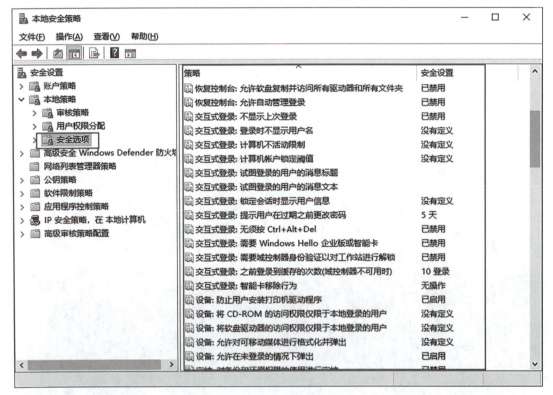

图 3-36　安全选项

下面介绍几个常见的安全选项。

关机：允许系统在未登录前关机。正常情况下，只有登录系统后具有权限的用户才能关机，如果有时需要在未登录前关机，可将此策略启用。

账户：使用空白密码的本地账户只允许进行控制台登录。密码为空的用户不能通过网络访问此计算机，此策略禁用后，密码为空的用户将不会受到限制。

账户：管理员账户状态。默认管理员账户状态为启用。

账户：来宾账户状态。默认来宾账户状态为禁用，可以根据需要设置为启用。

账户：管理员重命名。为了系统安全，可将管理员的名字进行更改。

交互式登录：不显示登录名。为了系统安全，可将此项策略启用，启用后，登录界面不再显示登录名，必须手动输入用户名才可以进行登录。

【任务实施向导】

3.6.2　设置安全选项

1. 设置交互式登录：不显示上次登录

（1）打开"本地策略"中的"安全"选项。双击图 3-35 中的"交互式登录：不显示上次登录"策略，在对话框中选择"已启用"，单击"确定"按钮，如图 3-37 所示。

图 3-37　"交互式登录：不显示上次登录"对话框

（2）测试。注销系统，再次回到登录界面，按 Ctrl+Alt+Del 组合键，不再显示用户名，如图 3-38 所示。

Windows Server 操作系统配置与管理

图 3-38 交互式登录界面

2. 设置使用空白密码的本地账户只允许进行控制台登录

（1）在"本地策略"中双击"账户：使用空密码的本地账户只允许控制台登录"策略，在对话框中选择"已启用"，单击"确定"按钮，如图 3-39 所示。

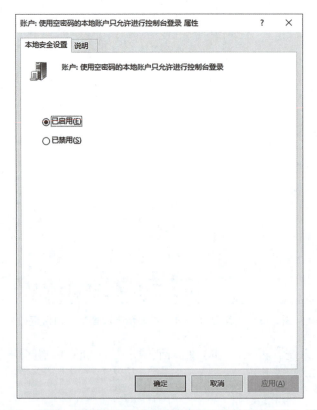

图 3-39 "账户：使用空密码的本地账户只允许控制台登录"对话框

设置完该策略后，具有空密码的账户只能本地登录，不能网络登录。在这里用远程桌面访问做测试。

（2）将"销售部-user1"用户（该用户已经在3.6.1的步骤中设置为允许远程桌面登录）的密码设置为空，尝试用该用户进行远程桌面登录，会出现如图3-40所示的提示。

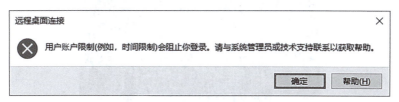

图3-40　拒绝远程桌面登录

（3）重新给销售部-user1设置非空密码，发现可以正常登录。

【任务拓展】

任务目标

配置账户锁定策略，一天之内用户输错3次密码，则账户被锁定，必须通过管理员账户为锁定的账户解锁。

（1）设置账户锁定策略：对应的属性设置为：账户锁定阈值为3，账户锁定时间为0分钟，重置账户锁定计数器为1 440分钟，如图3-41所示。

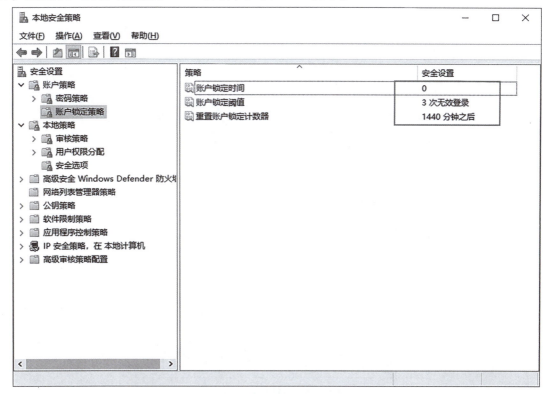

图3-41　账户锁定策略的设置

（2）用销售部-user1 做测试，3 次登录失败后，用户被锁定，如图 3-42 所示。

图 3-42　用户被锁定

（3）用 Administrator 用户登录，打开"销售部-user1 属性"窗口，发现"账户已锁定"复选框已被选中，取消勾选即可解锁，如图 3-43 所示。

图 3-43　解锁被锁定账户

【知识测试】

1. 在系统默认的情况下，账户的密码最长使用（　　）天。
   A. 30 天　　　　　B. 15 天　　　　　C. 20 天　　　　　D. 42 天
2. 下列不属于本地安全策略的是（　　）。
   A. 账户策略　　　　　　　　　　　B. 本地策略
   C. 高级安全 defender 防火墙　　　D. 组策略
3. 打开本地安全策略的命令是（　　）。
   A. lusrmgr.msc　　B. diskmgmt.msc　　C. secpol.msc　　D. gpedit
4. 在账户锁定策略中，如果设置的账户锁定时间为 30 分钟，那么重置账户锁定计数器不可以是（　　）。
   A. 10 分钟　　　　B. 20 分钟　　　　C. 30 分钟　　　　D. 40 分钟

实训项目　本地安全策略的管理

一、实训目的

(1) 通过修改账户策略和密码策略，增强账户管理的安全性。
(2) 通过修改本地安全策略，增强计算机系统管理的安全性。

二、实训背景

公司中有一台 Windows Server 2022 服务器位于工作组中，为了加强该服务器的安全性，需要在本地安全策略中做安全设置。

三、实训要求

(1) 设置账户策略-密码策略：密码符合复杂性要求；密码长度最小为 6 位，密码最长使用期限为 20 天，最短使用期限为 3 天，强制密码历史为 1。

(2) 设置账户策略-账户锁定策略：一天之内用户输错 3 次密码，则账户被锁定，必须通过管理员账户为锁定的账户解锁。

(3) 设置审核策略：
账户管理事件：成功失败。
登录事件：成功和失败。
进程跟踪：成功（可利用 cmd.exe 进程测试）。
系统事件：成功（可以用更改系统时间测试）。

(4) 用户权限分配：
管理部用户可以更改系统时间。
财务部用户拒绝本地登录。
销售部用户销售部-user1 加入了远程桌面组，但是不允许通过远程桌面服务登录。

(5) 安全选项：
交互式登录：不显示上次的登录名；无须按 Ctrl+Alt+Del 组合键。
账户：禁用-使用空白密码的本地账户只允许进行控制台登录。
用户账户控制：对于标准用户的权限的提升，给出提示行为——设置成自动拒绝提升请求。

任务 4

磁盘管理

任务背景

公司的文件存储服务器上,新增加了几块硬盘,根据公司的业务需求,需要存储不同种类的业务数据,因此需要对磁盘进行方案设计,并且为了防止使用空间不足,需要设置磁盘配额分配方案。

知识目标

（1）理解 MBR 磁盘中主分区、扩展分区、逻辑分区的概念。

（2）理解动态磁盘中简单卷、跨区卷、带区卷、镜像卷、RAID-5 卷 5 种卷的区别。

（3）理解磁盘配额的概念。

能力目标

（1）能够创建主分区、扩展分区、逻辑分区。

（2）能够根据实际需求规划和创建简单卷、跨区卷、带区卷、镜像卷、RAID-5 卷。

（3）会设置基于磁盘的磁盘配额及基于文件夹的配额。

素质目标

（1）提高网络管理的应用能力和创新能力。

（2）遵守网络管理的相关法律法规。

任务 4.1　磁盘的基本概念

【任务目标】

（1）在虚拟机上添加一块硬盘,大小为 60 GB,磁盘类型为 SCSI。

（2）将磁盘初始化成 MBR 磁盘。

【知识链接】

4.1.1　磁盘的概念

磁盘（Disk）是指利用磁记录技术存储数据的存储器。磁盘是计算机主要的存储介质,可以存储大量的二进制数据,并且断电后也能保持数据不丢失。在计算机领域,广义上来讲,硬盘、光盘、软盘、U 盘等用来保存数据信息的磁性存储介质都可以称为磁盘。其中,硬盘是使用最多的磁盘。

4.1.2 硬盘的概念

硬盘是电脑主要的存储媒介之一。从存储数据的介质来区分，硬盘可分为机械硬盘（Hard Disk Drive，HDD）和固态硬盘（Solid State Disk，SSD）。HDD 采用磁性材料在盘片上制造磁道，然后将数据写入磁道中，HDD 相较于 SSD 读写速度较慢，但是存储容量较大。SSD 采用闪存颗粒来存储，它的读写速度比 HDD 快得多，但是存储容量相对较小。

硬盘接口是硬盘与主机系统间的连接部件，作用是在硬盘缓存和主机内存之间传输数据。不同的硬盘接口决定硬盘和计算机之间的传输速度，在整个计算机系统中，硬盘接口的优劣直接影响程序运行快慢和系统性能好坏。

目前常见的硬盘接口有 IDE（Integrated Drive Electronics）、SATA（Small Computer System Interface）、SCSI、SAS 和光纤通道等。IDE 用于家用产品，SATA 用于家用市场，SCSI 主要用于服务器市场，光纤通道用于高端服务器。

IDE 接口也叫作电子集成驱动器，是把硬盘控制器与盘体集成在一起的硬盘驱动器。优点是价格低廉、兼容性强、性价比高，缺点是数据传输速度慢、线缆长度过短、连接设备少。以前的旧电脑一般都是 IDE 硬盘接口，该接口由于传输速度慢，如今逐渐被淘汰了。

SATA 接口也叫串行 ATA，利用串行方式传输数据。其具有更强的纠错能力，提高了数据传输的可靠性；还具有结构简单、支持热插拔的优点。

SCSI 接口也叫作小型计算机系统接口，是一种广泛应用于小型机上的高速数据传输技术。具有应用范围广、带宽大、CPU 占用率低、支持热插拔等优点，但是价格较高，主要应用于中、高端服务器和高档工作站。

4.1.3 分区的概念

硬盘不能直接使用，需要将其整体存储空间划分成多个独立的区域。把硬盘分割成的一块一块的硬盘区域，称为分区，如图 4-1 所示。对磁盘进行分区有很多优点，比如便于格式化和存储数据、便于分割多个不同的操作系统、便于设计和管理、分类存储等。

4.1.4 MBR 和 GPT 磁盘分区

MBR（Master Boot Record）和 GPT（GUID Partition Table，全局唯一标识分区表）是磁盘上存储分区信息的两种不同方式。这些分区信息包含了分区从哪里开始，这样操作系统才能知道哪个扇区属于哪个分区。在安装操作系统时，需要选择其中一种分区方式。

在 MBR 主引导记录的分区方案中，分区表占 64 字节，每个分区的基本信息需要占 16 字节，所有最多只能有四个分区。四个分区由主分区和扩展分区构成，但是最多只能有一个扩展分区。

GPT 是一种由基于 Itanium 计算机中的可扩展固件接口（EFI）使用的磁盘分区架构。与 MBR 相比，GPT 具有更多的优点，为每一个分区分配一个全局唯一的标识符，所以，理论上 GPT 支持无限个磁盘分区，不过，在 Windows 系统上，由于系统的限制，最多只能支持 128 个磁盘分区。它支持高达 18 EB 的卷大小，允许将主磁盘分区表和备份磁盘分区表用于冗余，还支持唯一的磁盘和分区 ID（GUID）。GPT 带来了很多新特性，但 MBR 仍然具有最好的兼容性，MBR 可以兼容 Windows 的所有操作系统，而 GTP 支持 Win8 以上 64 位操作系统。

4.1.5 电脑的启动方式与 MBR 和 GPT

计算机有两种启动方式：BIOS 和 UEFI，所以，启动方式与分区方案有四种搭配情况。

（1）BIOS+MBR：最传统的一种方式，兼容所有的操作系统。缺点是不支持容量大于 2 TB 的硬盘，并且 BIOS 引导需要进行开机自检，所以启动速度稍慢。

（2）BIOS+GPT：这种方式可用在非启动盘中，但不能引导系统。

（3）UEFI+MBR：这种方式等同于 BIOS+MBR 方式，可以把 UEFI 设置成 Legacy 模式，打开 CSM 兼容模块，让其支持传统 MBR 启动。

（4）UEFI+GPT：这种方式是一种趋势。如果要把大于 2 TB 的硬盘作为系统盘来安装系统的话，就必须使用此方式。而且须使用 64 位系统，否则无法引导。

4.1.6 基本磁盘和动态磁盘

Windows Server 2022 中，对磁盘的管理方式分为两种：基本磁盘和动态磁盘。

基本磁盘通过分区对磁盘进行分割，形成一块或多块的磁盘空间。动态磁盘中不再叫作分区，而是叫作卷集（Volume），简称卷。卷集分为简单卷、跨区卷、带区卷、镜像卷、RAID-5 卷。

在磁盘容量的扩展方面，基本磁盘分区不能跨磁盘，并且非相邻空间不能扩展。而动态磁盘的卷除了简单卷外，其他的卷都可以跨磁盘，并且可以将容量扩展到非相邻空间。

在存取速度和容错性方面，基本磁盘的存取速度完全取决于硬件，并且不具备容错性，而动态磁盘可以提供一些基本磁盘不具备的功能，如：动态磁盘上实现数据的容错、提升卷的速度等。

【任务实施向导】

4.1.7 在虚拟机中添加磁盘

（1）在 VMware Workstation 中依次选择 "虚拟机" → "设置" 子菜单，在弹出的 "虚拟机设置" 对话框中选择 "硬盘"，如图 4-1 所示，单击 "添加" 按钮，弹出 "添加硬件向导" 对话框。

（2）在 "硬件类型" 对话框中，在 "硬件类型" 中选中 "硬盘"，然后单击 "下一步" 按钮，如图 4-2 所示。

（3）在 "选择磁盘类型" 对话框中，选择 "SCSI" 单选项，单击 "下一步" 按钮，如图 4-3 所示。

（4）在 "选择磁盘" 对话框中，选择 "创建新虚拟磁盘"，单击 "下一步" 按钮，如图 4-4 所示。

（5）在 "指定磁盘容量" 对话框中，选择或输入磁盘容量，这里使用默认的 60 GB，然后根据实际需要选择 "将虚拟磁盘存储为单个文件" 或 "将虚拟机磁盘拆分成多个文件"，如果勾选 "立即分配所有磁盘空间"，那么虚拟机将会立即占用 60 GB 的硬盘物理空间，如果不勾选，则不会立即占用，建议不勾选，如图 4-5 所示。

任务4　磁盘管理

图 4-1　"虚拟机设置"对话框

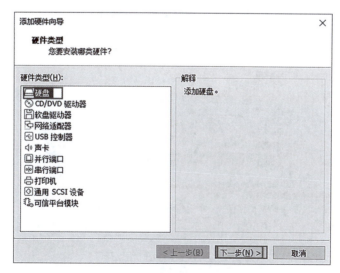

图 4-2　"硬件类型"对话框

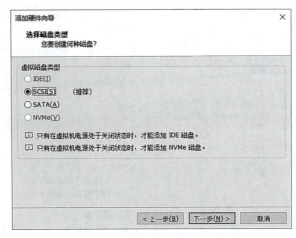

图 4-3 "选择磁盘类型"对话框

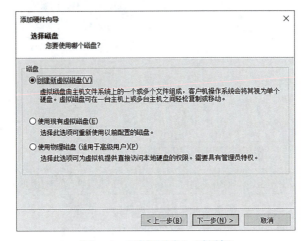

图 4-4 "选择磁盘"对话框

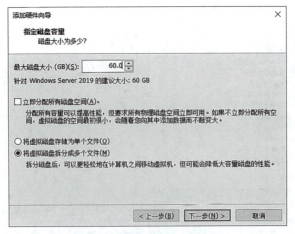

图 4-5 "指定磁盘容量"对话框

(6) 在"指定磁盘文件"对话框中,输入文件名,并选择位置,单击"完成"按钮即可完成硬盘的添加,如图 4-6 所示。

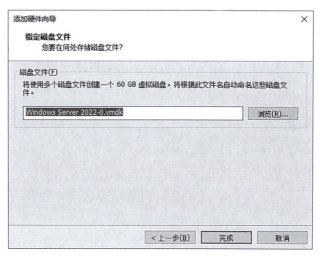

图 4-6 "指定磁盘文件"对话框

4.1.8 打开磁盘管理工具

方法 1:依次单击"服务器管理器"→"工具"菜单→"计算机管理"→"存储"→"磁盘管理",即可打开磁盘管理工具。

方法 2:在运行框中输入"diskmgmt.msc",按 Enter 键即可打开"磁盘管理"工具,如图 4-7 所示,可以看到新添加的一块磁盘——磁盘 1。

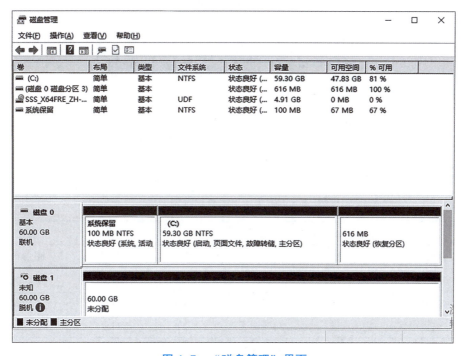

图 4-7 "磁盘管理"界面

注意：只有 Backup Operators 组或 Administrators 组成员才能进行磁盘管理。

4.1.9 将磁盘联机，初始化

右击图 4-7 中刚添加的"磁盘 1"，选择"联机"，即可对磁盘联机。联机后，右击磁盘 1，选择"初始化磁盘"，打开"初始化磁盘"对话框，可以根据需要将磁盘初始化成 MBR 或 GPT，这里选择"MBR"，如图 4-8 所示。单击"确定"按钮之后，此磁盘即可使用。

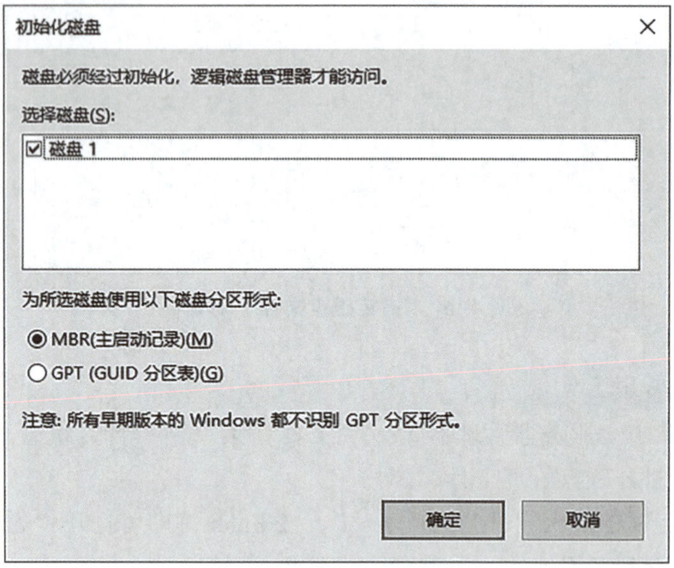

图 4-8　初始化磁盘

任务 4.2　创建基本磁盘分区

【任务目标】

在磁盘 1（大小为 60 GB）上创建两个主分区、一个扩展分区，扩展分区下创建两个逻辑分区，具体要求见表 4-1。

表 4-1　磁盘 1 上的分区创建要求

分区类型		分区大小/GB	盘符	卷标	文件格式	创建方式
主分区		10	E：	系统盘	NTFS	图形化界面
主分区		20	F：	study	NTFS	Diskpart 工具
扩展分区	逻辑分区	15	G：	software	NTFS	图形化界面
	逻辑分区	15	自动分配	music	NTFS	Diskpart 工具

【知识链接】

4.2.1 主分区和扩展分区介绍

主分区主要用来存放操作系统的引导记录和操作系统文件；扩展分区不能用来引导操作系统，一般用来存放数据和应用程序。

在 MBR 中，主分区和扩展分区的个数不能超过 4 个，并且扩展分区最多只能有一个。所以分区可以有以下几种情况：一个主分区；一个主分区和一个扩展分区；两个主分区和一个扩展分区；三个主分区和一个扩展分区。

扩展分区无法直接存储数据，必须先在扩展分区中建立逻辑分区才能被使用，并赋予盘符，如 D、E、F，才能使用。

逻辑分区不受分区数量的限制，但是基本磁盘分区受 26 个英文字母的限制，也就是说，磁盘的盘符只能是 26 个英文字母中的一个。因为 A、B 已经被软驱占用，实际上，磁盘可用的盘符只有 C~Z 共 24 个。

在 Windows Server 2022 中，默认情况下利用图形化界面只能创建主分区，如果已经创建了 3 个主分区，再创建第四个分区的时候，才会默认创建成扩展分区。

4.2.2 磁盘分区工具 DiskPart 的相关命令

DiskPart 是一个命令行模式的磁盘管理工具，在 Windows Server 中，用户可以通过 DiskPart 命令来创建或删除分区或卷、添加驱动器号、格式化等操作。只有具有命令提示符或 PowerShell 终端的管理权限才能运行 DiskPart 命令行。

1. 打开 DiskPart 工具

```
diskpart
```

2. 列出本机的所有物理磁盘并显示它们的信息，如磁盘编号、大小、可用空间等

```
list disk
```

3. 选择要操作的磁盘

```
select diskn
```

n 表示磁盘编号。

4. 创建主分区，并用 size 参数指定分区大小，单位为 MB

```
create partition primary size=n
```

n 表示分区大小；
省略 size 参数代表将剩余空间全部分配给该分区。

5. 创建扩展分区，并用 size 参数指定分区大小，单位为 MB

```
create partition extended size=n
```

n 表示分区大小；

省略 size 参数代表将剩余空间全部分配给该分区。

6. 显示分区磁盘上的所有分区及其信息，例如分区编号、大小、可用空间等

list partition

7. 选择要操作的分区

select partitionn

n 表示分区编号。

8. 创建逻辑分区

create partition logical size=n

n 表示分区大小；
省略 size 参数代表将剩余空间全部分配给该分区。

9. 快速格式化分区，并设置卷标

format fs=ntfs/fat32 label="n" quick

n 代表卷标；
fs=ntfs 代表格式化成 NTFS 分区，fs=fat32 代表格式化成 FAT32 分区。

10. 设置盘符

assign letter=n

n 代表盘符，如 E、F、G 等。

11. 删除分区

delete partition

12. 退出 diskpart

exit

4.2.3　利用图像化界面创建主分区

（1）打开磁盘管理窗口，在磁盘 1 的未分配空间上右击，选择"新建简单卷"，如图 4-9 所示，弹出"新建简单卷向导"对话框，如图 4-10 所示，单击"下一步"按钮。

（2）在"指定卷大小"对话框中，输入卷的大小，单位为 MB，如输入 10 240，代表 10 240 MB，即 10 GB。输入完成后，单击"下一步"按钮，如图 4-11 所示。

（3）在"分配驱动器号和路径"对话框中，在"分配以下驱动器号"下拉列表中选择 "E"，单击"下一步"按钮，如图 4-12 所示。

（4）在"格式化分区"对话框中，在"文件系统"下拉列表中选择"NTFS"文件系统，分配单元大小（即簇的大小）默认，卷标设置值为"系统盘"，并勾选"执行快速格式化"，单击"下一步"按钮，如图 4-13 所示。

（5）在正在完成新建简单卷向导中，单击"完成"按钮即可完成分区的创建，如

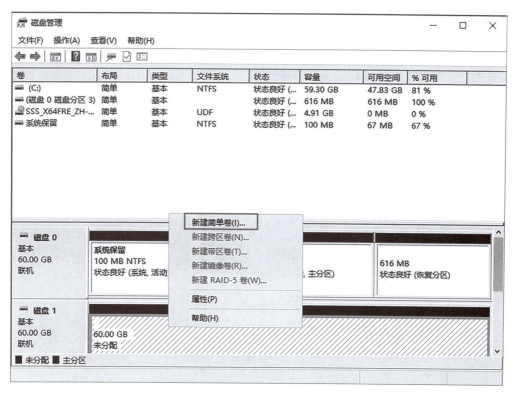

图 4-9　磁盘 1 的右键菜单

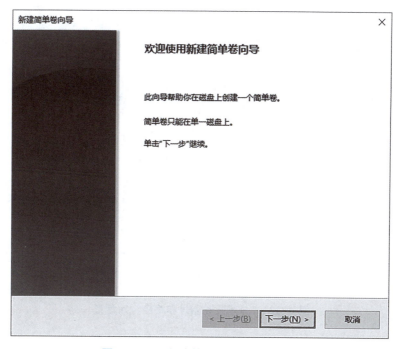

图 4-10　"新建简单卷向导"对话框

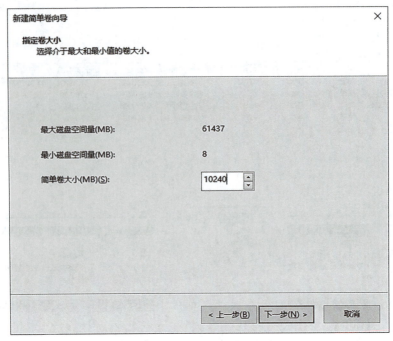

图 4-11 "指定卷大小"对话框

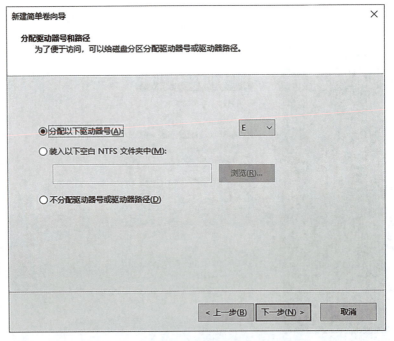

图 4-12 "分配驱动器号和路径"对话框

图 4-14 所示。

（6）此时，查看磁盘管理界面，可以看到一个 10 GB 大小，文件系统为 NTFS，卷标为系统盘，盘符为 E 的主分区，如图 4-15 所示。

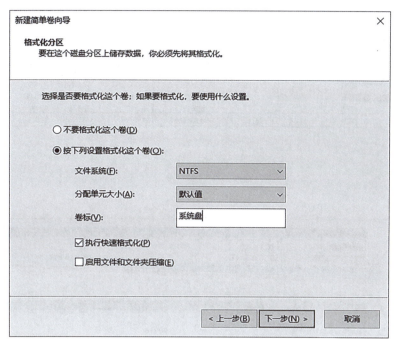

图 4-13 "格式化分区"对话框

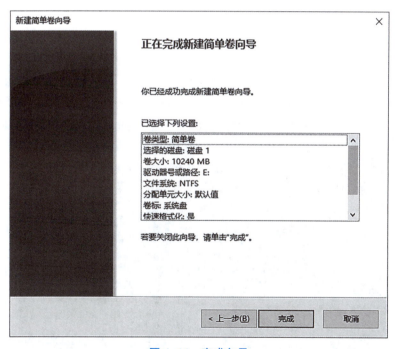

图 4-14 完成向导

注意：用图形化界面最多只能创建 3 个主分区，默认第 4 个分区创建成扩展分区。如果要创建第 4 个主分区，需要用 DiskPart 工具。

Windows Server 操作系统配置与管理 ....

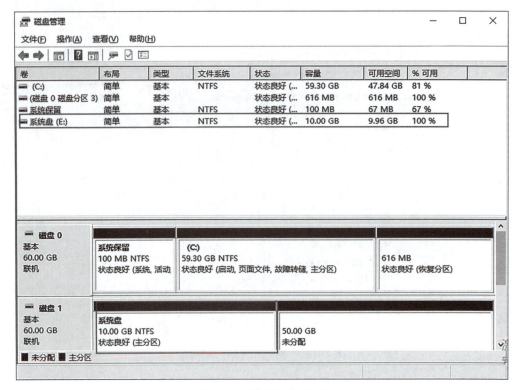

图 4-15 创建好的 E 盘

4.2.4 使用 DiskPart 工具创建主分区

（1）在 cmd 命令行中，输入"diskpart"命令，运行 DiskPart 工具。然后输入"list disk"命令，可以显示计算机上的所有磁盘，如图 4-16 所示。从图中可以看到，计算机上有两块物理磁盘：磁盘 0 和磁盘 1，其中，磁盘 1 上还有 49 GB 可用空间。

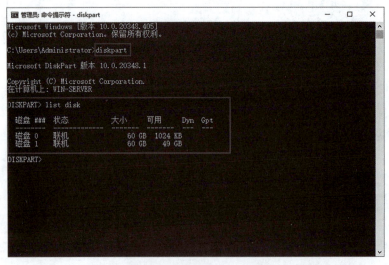

图 4-16 运行 DiskPart 工具

96

（2）选择有可用空间的磁盘，这里选择磁盘 1，输入命令"select disk 1"，进入指定磁盘。

（3）输入命令"create partition primary size 20480"，则可以创建大小为 20 GB 的主分区，如图 4-17 所示。

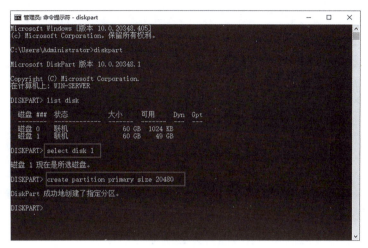

图 4-17　创建主分区

注意：

（1）如果不加 size 参数，则会将硬盘中所有剩余空间划分给此分区。

（2）如果将 primary 换成 extended，则会创建扩展分区；换成 logical，则会创建逻辑分区。

（3）查看已经创建好的分区。输入"list partition"命令，如图 4-18 所示，可以看到刚创建好的分区 2，大小为 20 GB。

（4）设置盘符。输入"select partition 2"命令，选择分区 2，使用"assign letter=F"命令给分区设置盘符为 F 盘，如图 4-18 所示。

（5）格式化分区。使用"format fs=ntfs label=study quick"命令将该分区快速格式化成 NTFS，同时将卷标设置成 study，如图 4-18 所示。

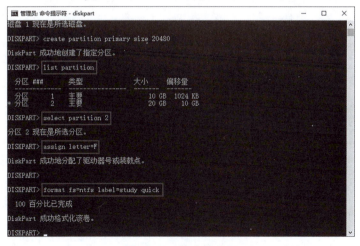

图 4-18　格式化分区

注意：如果要将分区格式化为 FAT32，则 fs 的参数设置成 fs=FAT32。

（6）打开磁盘管理界面，可以看到第二个主分区。盘符为 F，卷标为 study，大小为 20 GB，如图 4-19 所示。

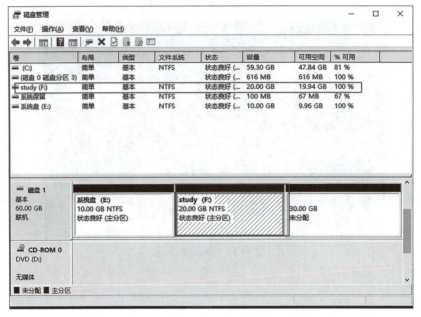

图 4-19　第二个主分区

4.2.5　利用 DiskPart 工具创建扩展分区

如果已经创建了 3 个主分区，在图形化界面中操作时，会自动将第四个分区创建为扩展分区。在任务中，由于只创建了 2 个主分区，所以默认情况下第三个分区依然会被创建成主分区，所以，利用 DiskPart 来创建扩展分区，并将剩余的所有空间划分给此分区。

（1）打开 cmd 命令行窗口，使用"select disk 1"命令选择磁盘 1，输入"create partition extended"命令即可（省略了 size 参数，表示将剩余所有空间划分给该分区），如图 4-20 所示。

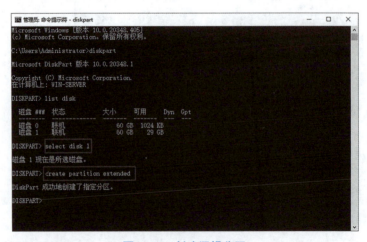

图 4-20　创建逻辑分区

(2)打开磁盘管理界面，可以看到大小为 30 GB 的扩展分区，如图 4-21 所示。

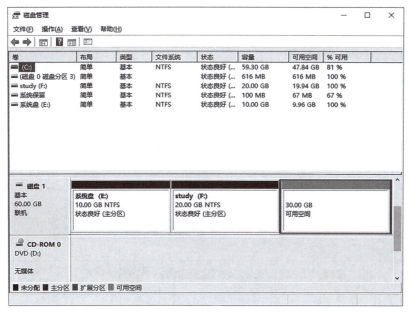

图 4-21 查看扩展分区

4.2.6 创建逻辑分区

扩展分区不能直接使用，必须在其上创建逻辑分区才可以使用。创建逻辑分区也有两种方法：一种是直接利用图形化界面，一种是使用命令行。

1. 使用图形化界面创建第一个扩展分区

(1)在空白的扩展分区上右击，在弹出的右键菜单中选择"新建简单卷"，如图 4-22 所示。

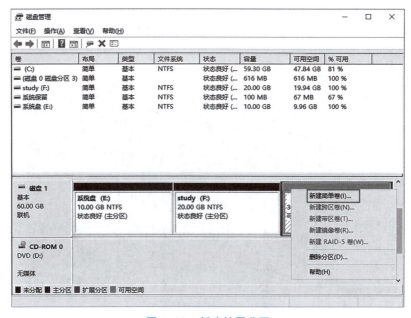

图 4-22 新建扩展分区

(2) 出现新建简单卷向导后,接下来参考 4.2.2 节中的步骤即可。

(3) 创建好的逻辑分区如图 4-23 所示。大小为 15 GB,文件系统为 NTFS,卷标为 software。

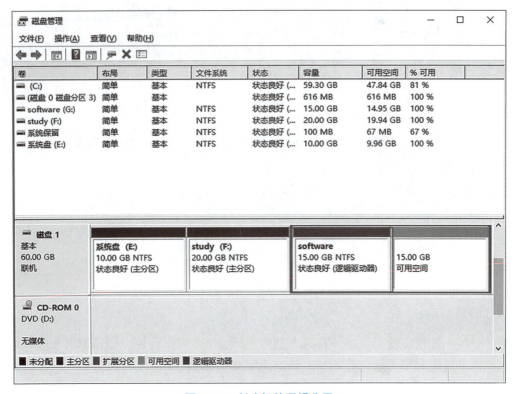

图 4-23　创建好的逻辑分区

2. 使用 diskpart 创建第二个扩展分区

(1) 打开 cmd 命令行界面,使用"select disk 1"命令选择磁盘 1,如图 4-24 所示。

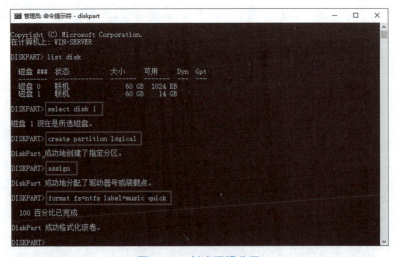

图 4-24　创建逻辑分区

（2）使用"create partition logical"命令创建逻辑分区，如图 4-24 所示。

（3）使用"assign"命令自动分配盘符（如果 assign 后面不跟参数，则自动分配盘符），如图 4-24 所示。

（4）使用"format fs=ntfs lable=music quick"命令将分区格式化成 NTFS 文件系统，卷标设置为 music，如图 4-24 所示。

（5）创建完的逻辑分区如图 4-25 所示。

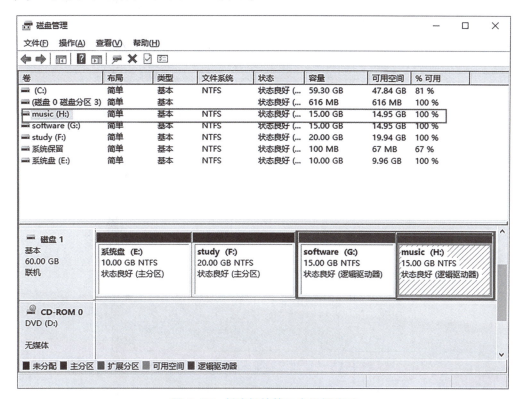

图 4-25　创建好的第二个逻辑分区

4.2.7　分区的格式化，更改驱动器号和分区删除

1. 分区的格式化

（1）打开磁盘管理界面，选中要删除的分区，右击，选择"格式化"。

（2）在"格式化"对话框中，输入新卷标，选择文件系统和分配单元，单击"确定"按钮即可，如图 4-26 所示。

2. 为没有驱动器号的分区添加驱动器号或对已有驱动器号的分区更改驱动器号

（1）右击相应分区，选择"更改驱动器号和路径"，在弹出的对话框中单击"更改"按钮，如图 4-27 所示。

（2）选择新的驱动器号，单击"确定"按钮即可。这里将 F 改成了 I，如图 4-28 所示。

3. 删除磁盘分区或卷

要删除磁盘分区或卷，只要右击要删除的分区，在弹出的快捷菜单中选择"删除卷"

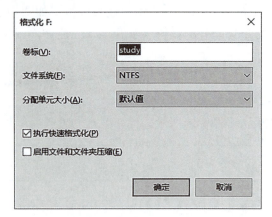

图 4-26 格式化分区

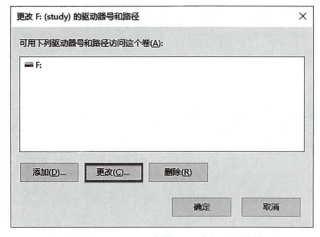

图 4-27 "更改驱动器号和路径"对话框

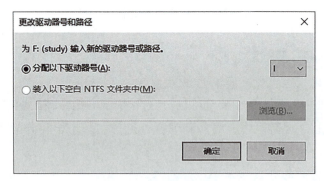

图 4-28 更改驱动器号

即可。删除分区后，分区上的数据将全部丢失，所以删除分区前应仔细确认。

注意：若待删除分区是扩展分区，要先删除扩展分区上的所有逻辑分区后，才能删除扩展分区。

任务 4.3 创建和管理动态磁盘

【任务目标】

（1）添加 3 块磁盘：磁盘 2、磁盘 3、磁盘 4，都是 60 GB。
（2）创建动态磁盘，具体要求见表 4-2。

表 4-2 创建动态磁盘

磁盘类型	占用磁盘	卷的大小/GB	盘符	卷标	文件系统
简单卷	磁盘 2	10	I：	简单卷	NTFS
跨区卷	磁盘 2（10 GB）、磁盘 3（20 GB）	30	J：	跨区卷	NTFS
带区卷	磁盘 2、磁盘 3、磁盘 4	30	K：	带区卷	NTFS
镜像卷	磁盘 2、磁盘 3	10	L：	镜像卷	NTFS
RAID-5 卷	磁盘 2、磁盘 3、磁盘 4	40	M：	RAID-5 卷	NTFS

【知识链接】

4.3.1 动态磁盘介绍

动态磁盘是磁盘的一种属性。基本磁盘中创建的是主分区、扩展分区、逻辑分区，也称分区卷，在动态磁盘上没有分区的概念，它以卷命名，也称为动态卷。在 MBR 中，基本磁盘只能创建四个分区，而动态磁盘没有卷的个数的限制。在基本磁盘中，只允许同一磁盘上的连续空间划分为一个分区。在动态磁盘中，同一个卷可以跨越多达 32 个物理磁盘。在动态磁盘中，可以创建的卷的类型有简单卷、跨区卷、带区卷、镜像卷、RAID-5 卷 5 种，通过创建不同卷，可以实现对数据容错、提高存取速度等，从而提高数据的安全性以及数据管理的便利性。

4.3.2 动态卷的类型

在 Windows Server 2022 中，有 5 种类型的卷。

1. 简单卷

类似于基本磁盘的分区。简单卷不能跨越磁盘，卷的空间位于同一块硬盘中，如图 4-29 所示。在磁盘 1 上取出一块 10 GB 的空间即可形成一个 10 GB 的逻辑卷，称为简单卷。

该卷不能容错，也不能提高存取速度。

与基本磁盘分区不同的是，简单卷可以扩展到同一块硬盘的非相邻区域，而基本磁盘分区扩展时，只能扩展到相邻区域。基本磁盘中的主分区可以作为系统启动盘，而动态磁盘中的简单卷只能存储数据，不能做系统启动盘。

图 4-29　简单卷

2. 跨区卷

将来自两个或多个磁盘的未分配空间合并到一个逻辑卷中,并且每块磁盘可以提供不同大小的磁盘空间。以两块磁盘为例,如图 4-30 所示,在磁盘 1 中取出一块 10 GB 大小的空间,在磁盘 2 中取出一块 20 GB 大小的空间,即可形成一个大小为 30 GB 的逻辑卷。

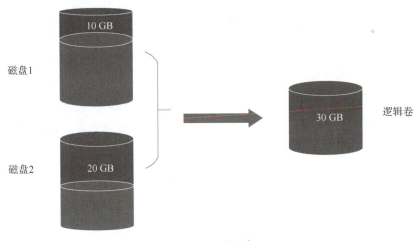

图 4-30　跨区卷

当数据被存到跨区卷时,先存到跨区卷成员中的第 1 个硬盘内,待空间用尽后,才将数据存到第 2 块硬盘,依此类推。

跨区卷没有容错功能。当成员磁盘中任何一个发生故障时,整个跨区卷的数据都将丢失。

3. 带区卷

也叫 RAID-0 卷,将来自两个或多个磁盘的未分配空间合并到一个逻辑卷中,但是每块磁盘必须提供大小相同的磁盘空间。以两块磁盘为例,如图 4-31 所示,如在磁盘 1 中取出一块 10 GB 大小的空间,在磁盘 2 中也必须取出同样大小的空间,形成一个大小为 20 GB 的逻辑卷。

数据写入时,数据同时平均地写到每个磁盘内,所以,带区卷可以有效地提高存取速度。但是带区卷不提供容错功能,当成员磁盘中任何一个发生故障时,整个带区卷的数据都将丢失。

4. 镜像卷

也叫 RAID-1 卷,是一种容错卷,由在两个不同物理磁盘上的空间组成。存储在镜像卷的数据被复制到两个物理磁盘上,所以镜像卷的空间利用率只有 50%。如图 4-32 所示,镜像卷只能由两块磁盘的空间构成,例如,在磁盘 1 中取出一块 10 GB 大小的空间,在磁盘 2 中也必须取出同样大小的空间,形成一个大小为 10 GB 的逻辑卷。

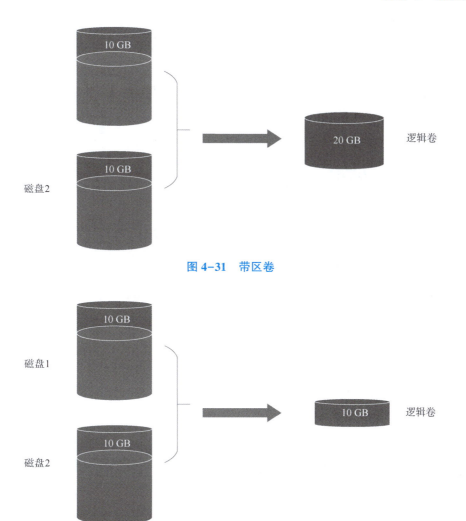

图 4-31 带区卷

图 4-32 镜像卷

由于两个区域存储完全相同的数据，当一个磁盘出现故障时，系统仍然可以使用另一个磁盘内的数据，因此，该卷具备容错的功能。当镜像卷中的一个硬盘出现故障时，则必须将该镜像卷中断，使得另一个镜像成为具有独立驱动器号的简单卷。然后可以根据需要重新在其他磁盘中创建新的镜像。镜像卷利用率不高，所以花费相对较高。

5. RAID-5 卷

也是一种容错卷，需要三个硬盘或更多的硬盘来合并成一个逻辑卷，并且每块硬盘提供的空间大小要相同。如图 4-33 所示，RAID-5 至少由 3 块磁盘的空间构成，并且空间大小必须一致。例如，在磁盘 1 中取出一块 10 GB 大小的空间，在磁盘 2 和 3 中也必须取出同样大小的空间，由于利用率为 (n-1)/n，所以形成一个大小为 20 GB 的逻辑卷。

RAID-5 卷在存储数据时，会根据数据内容计算出奇偶校验数据，并将该校验数据一起写入 RAID-5 卷中。

当某个磁盘出现故障时，系统可以利用其他硬盘中的数据和该奇偶校验数据恢复丢失的数据，具有一定的容错能力。

一个由 n 块磁盘构成的 RAID-5 卷，需要 1/n 个磁盘存储奇偶校验数据，所以磁盘利用率为 (n-1)/n。RAID-5 卷在写入数据的同时要进行奇偶校验数据的计算，所以它的写入效率比镜像卷差，但是读取数据时比镜像卷效率要高，因为 RAID-5 卷可以同时从多个磁盘读取数据，并且不用计算奇偶校验数据。

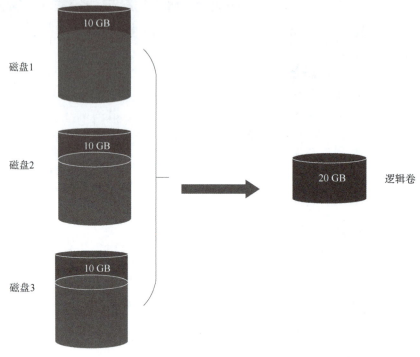

图 4-33　RAID-5 卷

【任务实施向导】

4.3.3　将基本磁盘升级为动态磁盘

（1）添加 3 块硬盘，并将它们联机初始化，方法见第 4.1.7 节。

（2）打开"磁盘管理"界面，右击任意一个要转换成动态磁盘的磁盘，在弹出的菜单中选择"转换到动态磁盘"，如图 4-34 所示。

（3）在"转换为动态磁盘"对话框中选中要转换的磁盘：磁盘 2、磁盘 3、磁盘 4，单击"确定"按钮，如图 4-35 所示，将磁盘 2、磁盘 3、磁盘 4 同时转换成动态磁盘。

4.3.4　创建简单卷

（1）在磁盘 2 的未分配空间处右击，在弹出的菜单中，选择"新建简单卷"，如图 4-36 所示。

（2）弹出"新建简单卷向导"对话框，单击"下一步"按钮，如图 4-37 所示。

（3）在"指定卷大小"对话框中，输入要创建的简单卷的大小，这里输入"10 240"，代表 10 GB，单击"下一步"按钮，如图 4-38 所示。

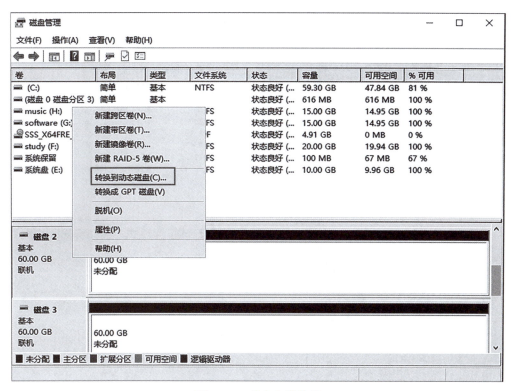

图 4-34 磁盘右键菜单

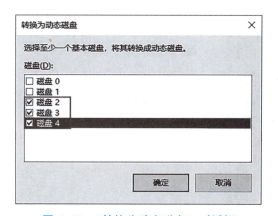

图 4-35 "转换为动态磁盘"对话框

（4）在"分配驱动器号和路径"对话框中，选择驱动器号"I"，单击"下一步"按钮，如图 4-39 所示。

（5）在"格式化分区"对话框中，选择文件系统为"NTFS"、分配单元大小设置为默认、卷标设置为"简单卷"，单击"下一步"按钮，如图 4-40 所示。

（6）出现"正在完成新建简单卷向导"对话框，单击"完成"按钮即可完成卷的创建，如图 4-41 所示。

（7）创建好的简单卷如图 4-42 所示。

Windows Server 操作系统配置与管理

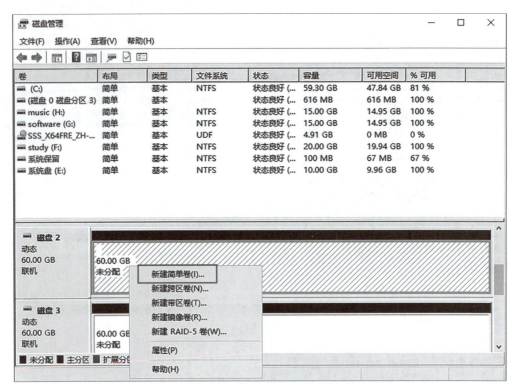

图 4-36 新建简单卷

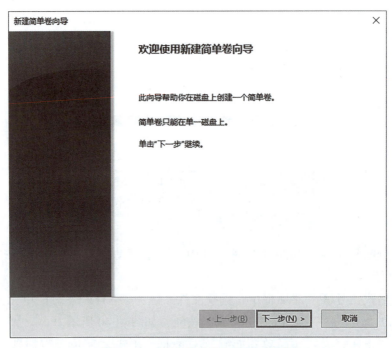

图 4-37 "新建简单卷向导"对话框

图 4-38 指定简单卷大小

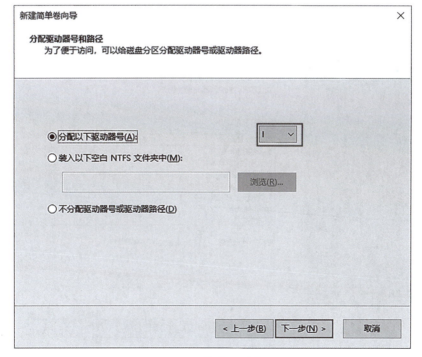

图 4-39 指定驱动器号

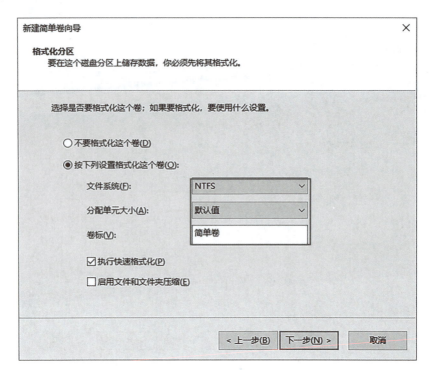

图 4-40　格式化卷

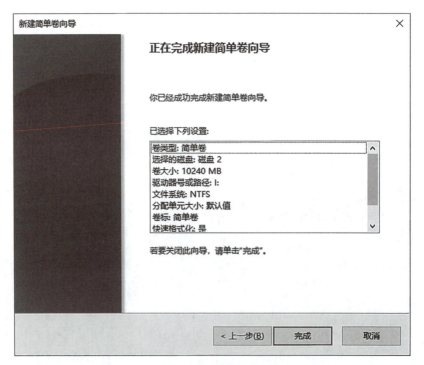

图 4-41　完成向导

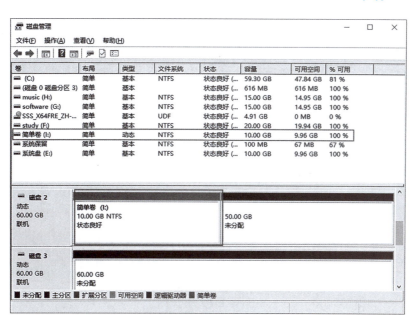

图 4-42 创建好的简单卷

4.3.5 创建跨区卷

（1）在磁盘的未分配空间处右击，在弹出的菜单中，选择"新建跨区卷"，如图 4-43 所示。

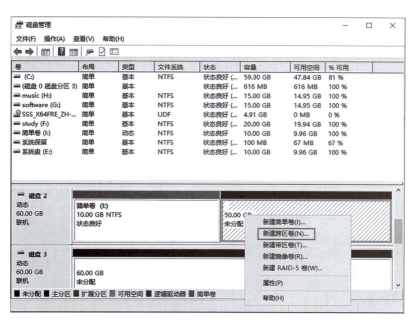

图 4-43 新建跨区卷

（2）弹出"新建跨区卷向导"对话框后，单击"下一步"按钮。
（3）在"选择磁盘"对话框中，在左侧"可用"中选择需要用到的磁盘，由于要用到

"磁盘 2"和"磁盘 3",所以,在左侧选中"磁盘 2"后,单击"添加"按钮,再继续选中"磁盘 3",单击"添加"按钮,此时磁盘 2 和磁盘 3 会出现在右侧的"已选"磁盘中。

在已选的磁盘中,先选中"磁盘 2",在下方"选择空间量"文本框中输入"10 240",然后再选中"磁盘 3",在下方"选择空间量"文本框中输入"20 480",输入完成后,单击"下一步"按钮,如图 4-44 所示。

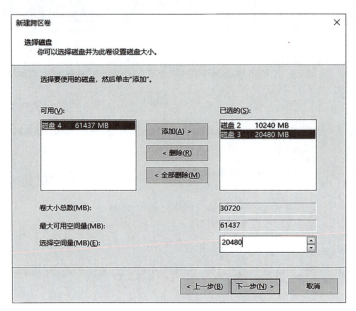

图 4-44 选择磁盘并设置大小

(4) 在"分配驱动器号和路径"对话框中,选择驱动器号"J"。单击"下一步"按钮,如图 4-45 所示。

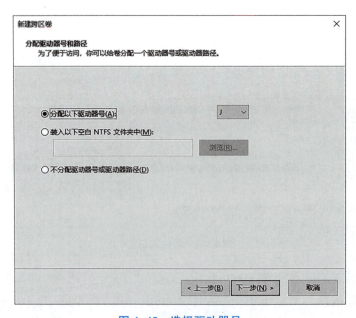

图 4-45 选择驱动器号

（5）在"卷区格式化"对话框中，选择文件系统"NTFS"、分配单元大小设置为默认、卷标设置为"跨区卷"，单击"下一步"按钮，如图4-46所示。

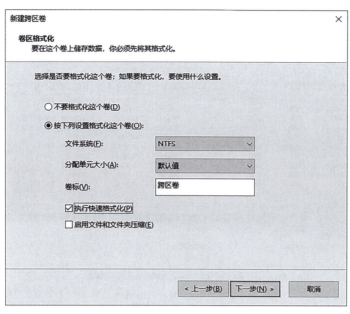

图4-46 格式化卷

（6）弹出"正在完成新建跨区卷向导"对话框后，单击"完成"按钮即可。创建好的跨区卷如图4-47所示。

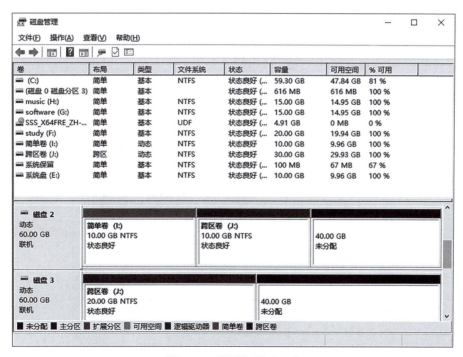

图4-47 创建好的跨区卷

4.3.6 创建带区卷

（1）在磁盘的未分配空间处右击，在弹出的菜单中，选择"新建带区卷"。弹出"新建带区卷向导"对话框，单击"下一步"按钮，如图4-48所示。

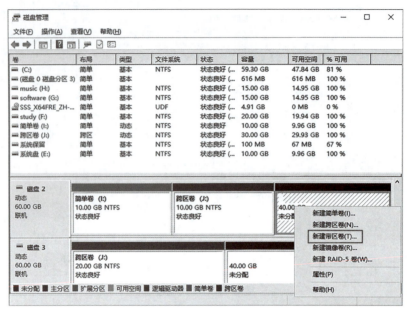

图4-48　新建带区卷菜单

（2）在"选择磁盘"对话框中，在左侧可用磁盘中选择需要用到的磁盘2、磁盘3、磁盘4，单击"添加"按钮，添加到"已选的"区域。在已选的磁盘中，选中"磁盘2"，并输入空间大小"10 240"，可以发现，磁盘3和磁盘4上的空间也自动变成了"10 240"，输入完成后，单击"下一步"按钮，如图4-49所示。

图4-49　选择磁盘并设置磁盘大小

(3) 在"分配驱动器号和路径"对话框中,选择驱动器号"K",单击"下一步"按钮。

(4) 在"卷区格式化"对话框中,选择文件系统、分配单元大小、卷标,单击"下一步"按钮。

(5) 出现"正在完成新建带区卷向导"对话框,单击"完成"按钮即可。

(6) 创建好的带区卷如图 4-50 所示。

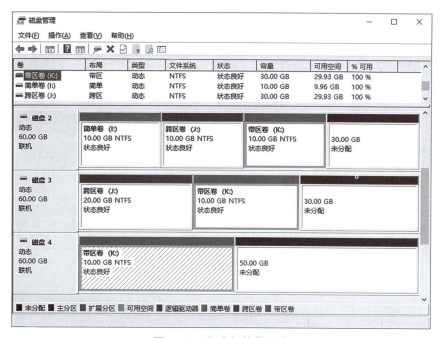

图 4-50 创建好的带区卷

4.3.7 创建、中断、删除镜像卷

1. 创建镜像卷

(1) 在磁盘的未分配空间处右击,在弹出的菜单中,选择"新建镜像卷"。弹出"新建镜像卷向导"对话框,单击"下一步"按钮,如图 4-51 所示。

(2) 在"选择磁盘"对话框中,在左侧可用磁盘中选择需要用到的磁盘,单击"添加"按钮。在已选的磁盘中,选中"磁盘 2"并输入空间大小为"10 GB",磁盘 3 中使用的磁盘大小也会自动变成 10 GB,单击"下一步"按钮,如图 4-52 所示。

(3) 在"分配驱动器号和路径"对话框中,选择驱动器号,单击"下一步"按钮。

(4) 在"格式化分区"对话框中,选择文件系统、分配单元大小、卷标,单击"下一步"按钮。

(5) 出现"完成新建镜像卷向导"对话框,单击"完成"按钮即可。

(6) 创建好的镜像卷如图 4-53 所示。

2. 中断镜像卷

(1) 右键单击要中断的镜像卷,选择"中断镜像卷",如图 4-54 所示。

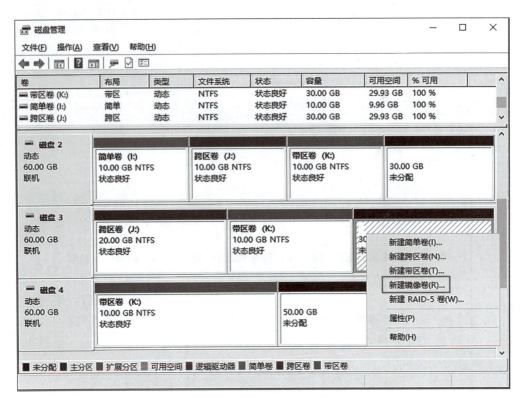

图 4-51　新建镜像卷向导

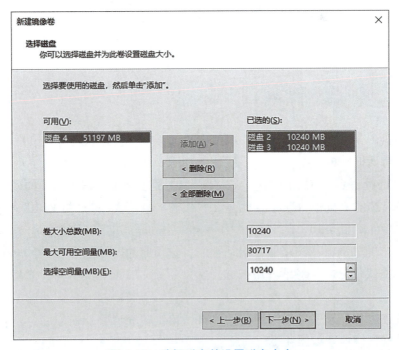

图 4-52　选择磁盘并设置磁盘大小

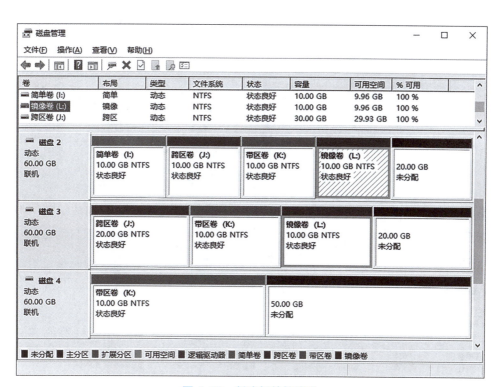

图 4-53　创建好的镜像卷

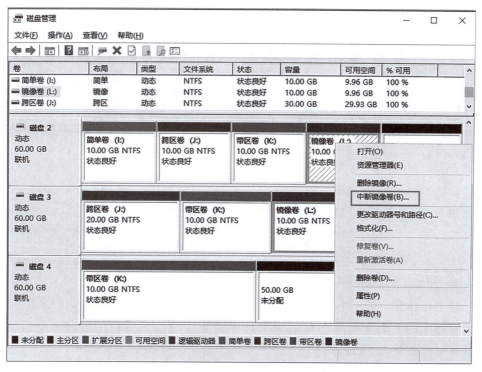

图 4-54　中断镜像卷

（2）弹出中断镜像提示对话框，如图 4-55 所示，单击"是"按钮，即可中断镜像。

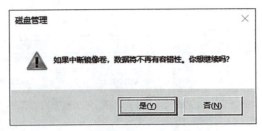

图 4-55　中断镜像提示对话框

（3）中断后，镜像卷的成员都会独立成简单卷，并且其中的数据都被保留，但是驱动器号会有变化，其中一个沿用原来的驱动器号，另一个卷的驱动器号会被自动分配一个，如图 4-56 所示。

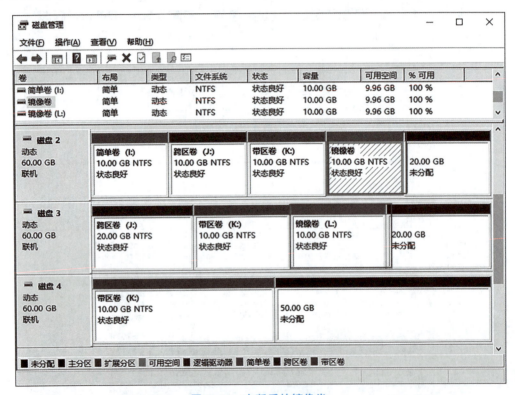

图 4-56　中断后的镜像卷

3. 删除镜像卷中的一个分区

（1）选中镜像卷中的一个分区，右击，选择"删除镜像"，如图 4-57 所示。

（2）在弹出的"删除镜像"对话框中选择要删除的镜像所在的分区，单击"删除镜像"按钮即可，如图 4-58 所示。

（3）删除镜像后，相应卷及其数据都被删除，并且将释放所占有的空间成为未指派空间，另一成员的数据保存下来，并成为简单卷，如图 4-59 所示。

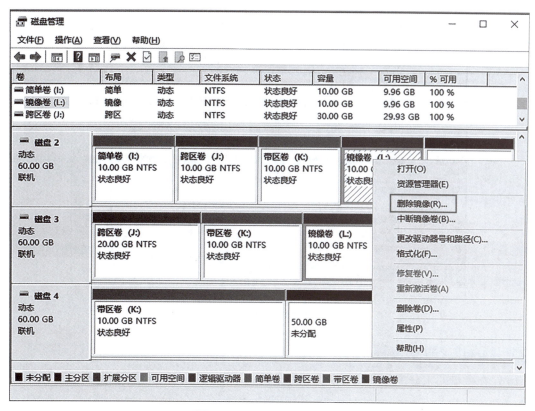

图 4-57 "删除镜像"菜单

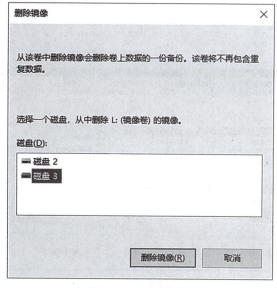

图 4-58 删除镜像

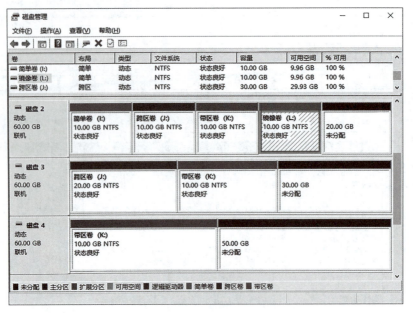

图 4-59 删除镜像后

4.3.8 创建 RAID-5 卷

（1）在磁盘的未分配空间处右击，在弹出的菜单中，选择"新建 RAID-5 卷"，如图 4-60 所示。

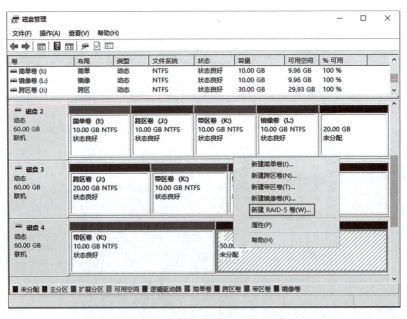

图 4-60 选择"新建 RAID-5 卷"

（2）弹出"新建 RAID-5 卷向导"对话框，单击"下一步"按钮。
（3）在"选择磁盘"对话框中，在左侧可用磁盘中选择需要用到的磁盘，单击"添加"

按钮。由于 RAID-5 卷中每块磁盘必须提供相同大小的磁盘空间，并且利用率是 (n-1)/n，所以在 3 块磁盘中各选择 20 GB 的空间来构成大小为 40 GB 的 RAID-5 卷。所以，在已选的磁盘中，选中其中一块并输入空间大小为"20 480"，单击"下一步"按钮，如图 4-61 所示。

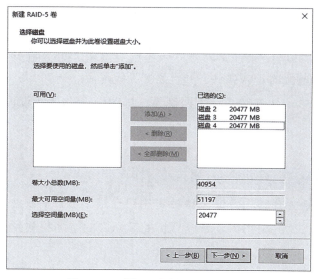

图 4-61　选择磁盘并设置磁盘大小

（4）在分配驱动器号和路径对话框中，选择驱动器号，单击"下一步"按钮。

（5）在格式化分区对话框中，选择文件系统、分配单元大小、卷标，单击"下一步"按钮。

（6）出现正在完成新建 RAID-5 卷向导，单击"完成"按钮即可。

（7）创建好的 RAID-5 卷如图 4-62 所示。

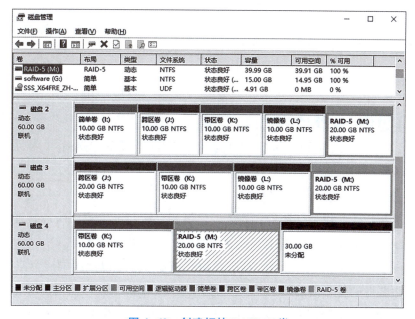

图 4-62　创建好的 RAID-5 卷

任务 4.4　创建和管理磁盘配额

【任务目标】

（1）在 F 盘上针对所有用户设置配额，将用户的磁盘空间限制为 1 GB，警告等级设置为 800 MB，超过警告等级时记录事件，并且设置为硬配额。

（2）如将销售部-user10 的磁盘空间限制为 500 MB，警告等级设置为 400 MB。

【知识链接】

4.4.1　磁盘配额的概念

磁盘配额用来限制所有的用户或某些特定用户在某个 NTFS 磁盘分区上使用空间的容量，从而提高系统和磁盘的利用率。系统只将配额允许的空间报告给用户，超过配额限制时，系统会提示磁盘空间已满。

磁盘配额是以文件或文件夹的所有权来计算的，也就是说，在一个 NTFS 磁盘分区内，所有权属于某个用户的文件或文件夹所占用的磁盘空间都会被计算。同一个用户在不同的磁盘分区上的磁盘配额空间单独计算。

磁盘配额包含软配额和硬配额。

硬配额是指用户在使用磁盘时如果超过指定的磁盘空间，将无法再使用任何磁盘空间。软配额是指用户超过指定的磁盘空间限额时，可以继续使用磁盘空间，并在日志中记录事件或当用户超过指定的磁盘空间警告级别时记录事件。在磁盘配额设置时，可以设置用户使用磁盘空间的最大值和警告值。

注意：只有 NTFS 分区才能设置磁盘配额。

【任务实施向导】

4.4.2　针对所有用户设置磁盘配额

（1）在要设置磁盘配额的卷（F:）上右击，在弹出菜单中选择"属性"。在弹出的"study（F:）属性"对话框中选择"配额"标签，即可打开磁盘配额设置界面，如图 4-63 所示。

默认情况下，磁盘配额是禁用的，如果要启用，直接勾选"启用配额管理"。

勾选"拒绝将磁盘空间给超过配额限制的用户"代表设置硬配额。

"将磁盘空间限制为"和"将警告等级设为"指定用户可以使用的磁盘空间容量，以及用户接近其配额限度的警告值。

勾选"用户超出配额限制时记录事件"时，则当用户使用空间超过了设置的磁盘空间

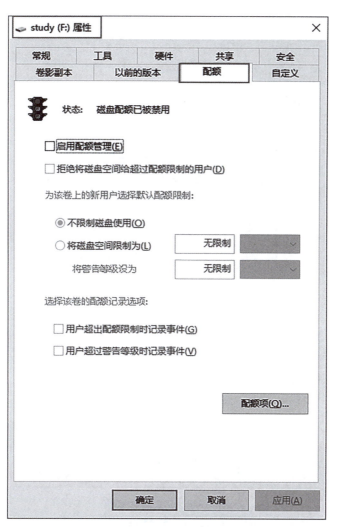

图 4-63 磁盘配额默认界面

限制时，将会记录该事件。

勾选"用户超过警告等级时记录事件"时，则当用户使用空间超过了设置的警告等级时，将会记录该事件。

注意：针对所有用户设置的配额对管理员用户不生效。

（2）勾选"启用配额管理""拒绝将磁盘空间给超过配额限制的用户"；将磁盘空间限制为 1 000 MB，将警告等级设置为 800 MB；勾选"用户超过警告等级时记录事件"。单击"确定"按钮即可，如图 4-64 所示。

（3）测试。如果除管理员外的任何一个用户，使用空间都会被限制为 1 GB，超过时会给出提示信息。例如，使用财务部-user1 登录时，超过空间限制的提示如图 4-65 所示；超过 800 MB 时会在配额项中记录事件，如图 4-66 所示。

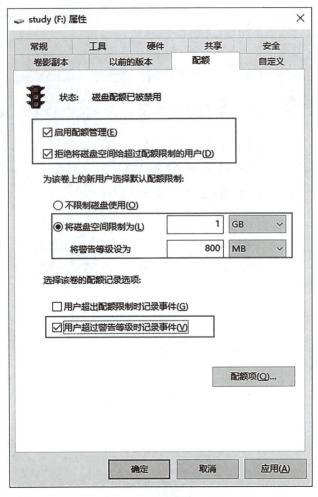

图 4-64 设置磁盘配额

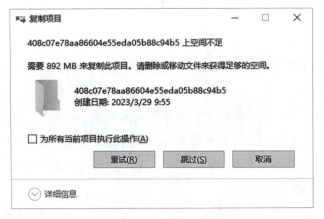

图 4-65 硬配额空间限制

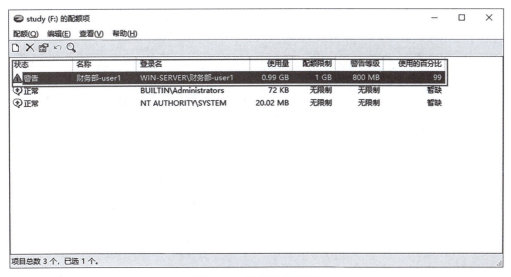

图 4-66 警告事件记录

4.4.3 针对特定用户设置磁盘配额

（1）打开磁盘配额管理界面，单击"配额项"按钮，打开"配额项"界面，单击"配额"菜单，选择"新建配额项"，如图 4-67 所示。

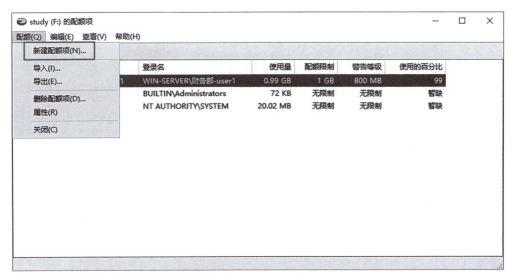

图 4-67 新建配额项

（2）在弹出的"选择用户"对话框中选择或输入"销售部-user10"，单击"确定"按钮，如图 4-68 所示。

（3）在"添加新配额项"对话框中，设置磁盘空间限制为"500 MB"，警告等级为"400 MB"，如图 4-69 所示．

（4）当用户销售部-user10 登录时，对 F 卷的使用空间都会被限制为 500 MB，超过时会给出提示信息，并且超过 400 MB 时会在配额项中记录事件，如图 4-70 所示。

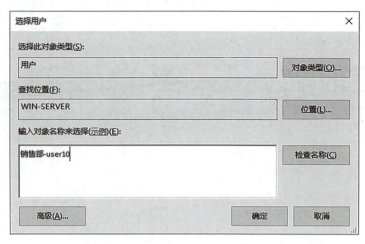

图 4-68 "选择用户"对话框

图 4-69 设置销售部-user10 的配额

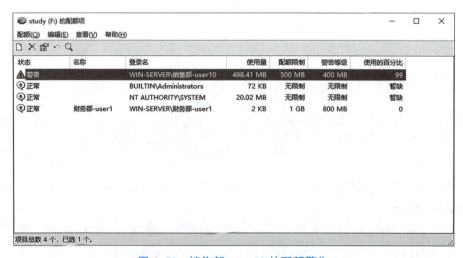

图 4-70 销售部-user10 的配额警告

任务拓展

【知识测试】

1. 在 MBR 磁盘中，每个磁盘只能有（　　）扩展分区。
A. 1 个　　　　　B. 2 个　　　　　C. 3 个　　　　　D. 4 个

2. 在 MBR 磁盘中，一块基本磁盘上最多有（　　）个主分区。
A. 1　　　　　　B. 2　　　　　　C. 3　　　　　　D. 4

3. 如果 RAID-5 卷集有 3 个 20 GB 磁盘，则可用的存储空间是（　　）。
A. 10 GB　　　　B. 15 GB　　　　C. 20 GB　　　　D. 40 GB

4. 在 Windows Server 系统中，磁盘空间的利用率为 50% 的动态卷是（　　）。
A. 简单卷　　　　B. 跨区卷　　　　C. 镜像卷
D. 带区卷　　　　E. RAID5 卷 5

5. 在 Windows Server 系统中，具有容错能力的动态卷是（　　）。（选择两项）
A. 简单卷　　　　B. 跨区卷　　　　C. 镜像卷
D. 带区卷　　　　E. RAID5 卷

实训项目　管理磁盘

一、实训目的

（1）能够进行基本磁盘和动态磁盘的管理。

（2）能对 NTFS 分区（卷）进行磁盘配额。

（3）能安装 FSRM 角色，并创建配额模板和文件屏蔽模板。

二、实训背景

公司中的一台 Windows Server 2022 服务器上新添加了几块硬盘，根据存储管理的业务需求，对磁盘进行基本磁盘、动态磁盘和磁盘配额的规划与实施。

三、实训要求

1. 基本磁盘规划

（1）新服务的磁盘 1 规划出 200 GB 的空间，划出一个分区用来安装操作系统，大小为 80 GB，卷标为系统，驱动器号为 E。

（2）规划一个 120 GB 的扩展分区。

（3）在扩展分区中划出一个逻辑分区做常用软件的存储，大小为 60 GB，卷标为常用软件 0，驱动器号为 F。另一个逻辑分区作为模板文档的存储，大小为 30 GB，卷标为模板，驱动器号为 G。

(4) 模板文件逐渐增多，将 G 盘扩展为 60 GB。

2. 动态磁盘规划

(1) 新服务器又新增了 3 块 200 GB 硬盘。

(2) 规划出一个动态卷，用来存储公司最重要的数据——财务数据。容量为 100 GB，希望磁盘的容错性达到最好。卷标为财务数据，驱动器号为 H。

(3) 规划出一个动态卷，存放公司的临时数据，需要该卷跨磁盘自动增长，不需要容错，也无读写速度的要求，卷标为临时数据，驱动器号为 I，容量为 100 GB。

3. 磁盘配额规划

(1) 管理员发现很多用户在服务器中放置了大量文件，占用了空间，因此设置了磁盘配额方案：在磁盘 G 上，用户可以使用 500 MB 的空间，警告等级为 400 MB，如果用户超出配额限制，则记录事件。

(2) 用户销售部-user1 总是在磁盘 G 上放置电影等大数据文件，管理员为该用户设置了磁盘限制：配额限制为 200 MB，警告等级限制为 150 MB，如果超过限制，则不给该用户分配磁盘空间。

(3) 在 I 盘下有一个文件存放的文件夹，设置所有用户对该文件夹的使用限制为 20 GB，不允许用户超出限制，设置通知阈值，当空间使用率达到 80% 时，生成事件通知。

(4) 创建配额模板，名称为 1 GB 限制，软配额，当空间使用率达到 90% 时，生成事件通知。对 I 盘下的视频存放文件夹使用创建的模板进行配额限制。

任务 5

文件系统管理

任务背景

公司的文件存储服务器中，存储了大量的日志及文档：网络访问的应用程序，如财务管理软件、数据库管理系统等；重要文件，如销售报表、任务计划、技术资料等；培训资料，如培训计划、培训文件等；还有一些共享的文档。文件和资源管理是网络管理的一项重要任务，为增强其安全性，需要进行文件及文件夹的访问控制。

知识目标

（1）了解文件系统的概念、种类。
（2）掌握 NTFS 各种权限的含义。
（3）复制和移动文件或文件夹对 NTFS 权限的影响。

能力目标

（1）能够根据需求进行标准 NTFS 权限和特殊 NTFS 权限的设计。
（2）能够根据 NTFS 的应用规则对文件和文件夹设置合适的权限。

素质目标

（1）提升安全意识，注重保护公司隐私。
（2）培养学生解决问题的能力。

任务 5.1　文件系统概述

【知识链接】

5.1.1　什么是文件系统

文件系统在操作系统中负责管理和存储文件信息，即文件的命名、存储、组织等。文件系统提供存储和组织文件的方法，是操作系统与驱动器之间的接口，当操作系统请求从硬盘里读取一个文件时，会请求相应的文件系统打开文件。

一个分区或动态卷在使用前，需要格式化，并将记录数据结构写到磁盘上。这个过程就是建立文件系统的过程。

文件系统的功能包括：按用户要求创建、删除、打开、关闭、读、写、执行文件；按用户要求创建、删除目录文件，对指定的文件进行检索和权限认证以及更改工作目录等；实现文件信息的共享，提供可靠的文件保密和保护措施，提供文件的安全措施；系统发生故障时，尽快、尽可能地恢复数据。

5.1.2 文件系统类型

Windows 上常见的磁盘文件系统类型有 FAT、FAT32、NTFS、REFS。

FAT（File Allocation Table，文件分配表）最早在 1982 年开始应用于 MS-DOS，采用 16 位的文件分配表，最大可支持 2 GB 的分区。目前已经很少用。

FAT32 是从 FAT 发展而来的，采用 32 位的文件分配表，是 Windows 95 出现以后开始流行的文件系统，它突破了 FAT 最大 2 GB 分区的限制，最大可支持 2 TB（2 048 GB）的分区，但是单个文件大小不能超过 4 GB。

NTFS（New Technology File System）是 Windows Server 推荐使用的高性能文件系统，它的设计目标是在大容量的硬盘上能够很快地执行读、写和搜索等标准的文件操作，并且包括了文件服务器和个人计算机所需的安全特性。它主要有以下几个方面的优点：

（1）支持大容量硬盘，在 MBR 磁盘中可以支持的最大分区为 2 TB，在 GPT 磁盘中，可支持最大分区为 18 EB。

（2）可以赋予单个文件和文件夹权限。

（3）恢复能力强，并且支持文件压缩和加密。

（4）支持活动目录和域。

（5）支持动态磁盘和磁盘配额等。

（6）采用更小的簇，可以更加有效率地管理磁盘空间。

REFS（Resilient File System）是在 Windows Server 2012 开始出现的文件系统。REFS 是与 NTFS 大部分兼容的，其主要目的是保持较高的稳定性，可以自动验证数据是否损坏，并尽力恢复数据。但是它不具备 NTFS 的部分功能，如磁盘压缩、磁盘配额等。

任务 5.2　标准的 NTFS 权限

【任务目标】

（1）文件服务器上有一个"销售部"的文件夹，设置用户销售部-经理对该文件夹有完全控制权。

（2）设置销售部-user1 对该文件夹具有修改权。

（3）设置销售部-user2 对该文件夹只有读取权。

【知识链接】

5.2.1 NTFS 权限的含义

NTFS 权限指的是不同账户对 NTFS 分区（卷）上的文件或文件夹的访问能力。NTFS 文件系统为卷上的每个文件和文件夹建立一个访问控制列表（ACL），如图 5-1 所示。

NTFS 文件系统可以针对不同用户和组设置各种访问权限。只有被授予权限的用户或组才能访问。

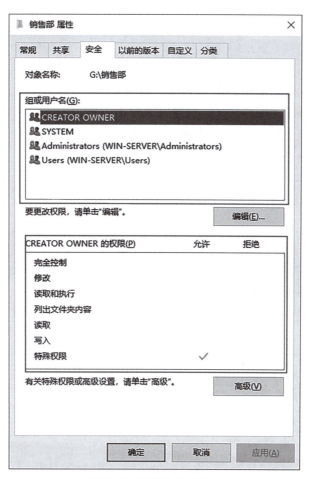

图 5-1　文件夹的 ACL

注意：只有文件所有者和具有完全控制权限的用户才可以给文件或文件夹设置 NTFS 权限。

5.2.2　文件的标准 NTFS 权限

文件的标准 NTFS 权限有 5 个：读取、写入、读取和运行、修改和完全控制。

读取权限可以读取文件内容，读取文件的属性，如只读属性、隐藏属性、存档属性、系统属性等，读取文件的所有者，读取文件的权限。

写入权限可以覆盖或改变文件的内容和文件属性。

读取及运行权限可以执行读取权限操作，并且可以运行应用程序。

修改权限可以修改文件内容、删除文件、改变文件名以及拥有写入、读取及运行的所有权限。它不具备"修改权限"和"取得所有权"的权限。

完全控制权限拥有 NTFS 文件的所有权限，还可以改变文件的权限和获得文件的所有权。

5.2.3　文件夹的标准 NTFS 权限

文件夹的标准权限有 6 个：读取、写入、列出文件夹内容、读取和运行、修改和完全控制。

读取权限可以显示文件夹的名称、属性、所有者和权限,查看文件夹内的文件名称、子文件夹的名称等。

写入权限可以在文件夹内增加文件和文件夹,改变文件夹的属性。

列出文件夹内容权限具有"读取"权限,还可以进入子文件夹。

读取和运行权限具有"读取"和"列出文件夹内容"的权限。只是"列出文件夹内容"的权限是由文件夹来继承的,而"读取和运行"的权限是由文件夹和文件同时继承。

修改权限可以删除子文件夹、更改文件夹的名称,以及具有"写入"和"读取及运行"的所有权限。它不具备"修改权限"和"取得所有权"的权限。

完全控制权限具有 NTFS 文件夹的所有权限。

【任务实施向导】

5.2.4 设置标准 NTFS 权限

1. 取消 USERS 的继承权

(1)右击销售部文件夹,在弹出的菜单中选择"属性",弹出"销售部属性"对话框,选择"安全"选项卡。然后单击"高级"按钮,如图 5-2 所示。

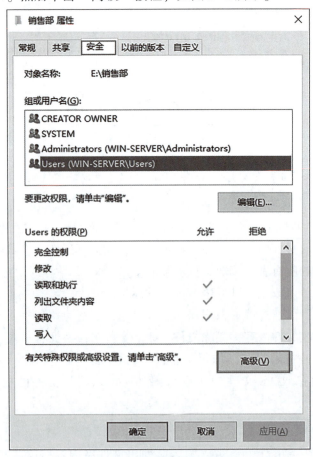

图 5-2 "销售部属性"对话框

（2）在"销售部的高级安全设置"对话框中，可以看到该文件夹的权限全部继承于上一级文件夹"E:\"，单击"禁用继承"按钮，如图 5-3 所示。

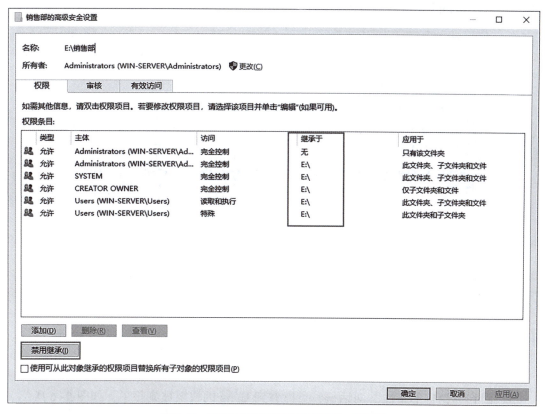

图 5-3 "销售部的高级安全设置"对话框

（3）弹出"阻止继承"警示框，如图 5-4 所示，选择第一项"将已继承的权限转换为此对象的显式权限"，此时所有的权限都会转变为非继承的，如果选择第二项"从此对象中删除所有已继承的权限"，则所有继承的权限都会被删除。

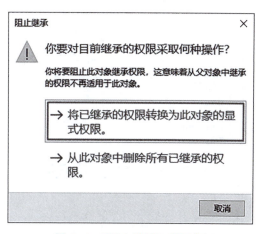

图 5-4 "阻止继承"提示框

(4)此时,回到"销售部的高级安全设置"界面,可以看到,"继承于"列表中全部变成了"无",表示权限不是继承的。依次选中 Users 的权限,单击"删除"按钮即可,如图 5-5 所示。都删除完成后,单击"确定"按钮。

图 5-5 "销售部的高级安全设置"对话框

(5)回到"销售部属性"对话框,可以看到 Users 的权限被删除了,如图 5-6 所示。

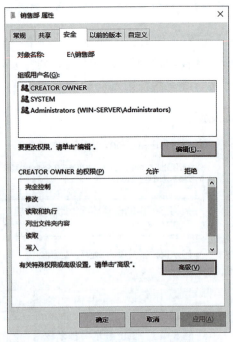

图 5-6 "销售部属性"对话框

2. 设置销售部-经理对文件夹的完全控制权

（1）在图 5-6 所示的对话框中，单击"编辑"按钮。

（2）打开"销售部的权限"对话框，单击"添加"按钮，如图 5-7 所示。

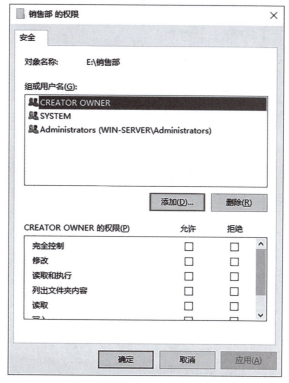

图 5-7 "销售部的权限"对话框

（3）在"选择用户或组"对话框中，输入或选择要设置权限的用户，本任务中输入"销售部-经理"用户，输入完毕后，单击"确定"按钮，如图 5-8 所示。

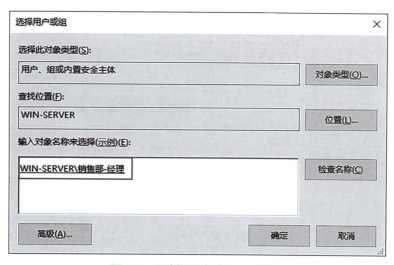

图 5-8 "选择用户或组"对话框

（4）回到"销售部的权限"对话框，在"组或用户名"处，选中"销售部-经理"，在权限处勾选"完全控制"，如图5-9所示，单击"确定"按钮即可完成设置。

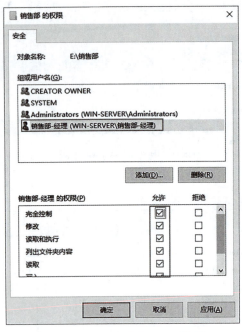

图 5-9 "销售部的权限"对话框

3. 设置销售部-user1 的修改权

步骤同2，设置完毕后，如图5-10所示。

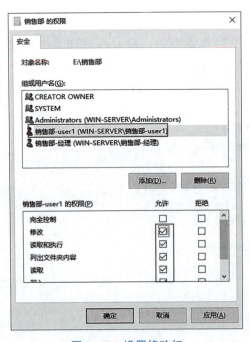

图 5-10 设置修改权

4. 设置销售部-user2 的读取权

步骤同 2，设置完毕后如图 5-11 所示。

图 5-11　设置读取权

全部设置完成后，单击"确定"按钮即可。此时，"销售部-经理"用户登录系统，发现该用户对销售部文件夹具有完全控制权；销售部-user1 可以修改文件夹，但是不可以修改权限及获取所有权；销售部-user2 具有只读权，不可以修改文件夹。

任务 5.3　特殊的 NTFS 权限

【任务目标】

设置销售部-user3 对文件夹"销售部"具有读取权限和创建文件夹的权限（能创建文件夹，但不能创建文件）的权限。

【知识链接】

5.3.1　特殊 NTFS 权限和标准 NTFS 权限的关系

文件夹的特殊 NTFS 权限包含 14 项，如图 5-12 所示。

文件的特殊 NTFS 权限包含 13 项，如图 5-13 所示。

特殊权限的说明如下：

（1）遍历文件夹/执行文件（Traverse Folder/Execute File）：该权限允许用户在文件夹及

```
高级权限：
    □ 完全控制                    □ 写入属性
    □ 遍历文件夹/执行文件          □ 写入扩展属性
    □ 列出文件夹/读取数据          □ 删除子文件夹及文件
    □ 读取属性                    □ 删除
    □ 读取扩展属性                □ 读取权限
    □ 创建文件/写入数据            □ 更改权限
    □ 创建文件夹/附加数据          □ 取得所有权
```

图 5-12　文件夹的特殊 NTFS 权限

```
高级权限：
    □ 完全控制                    □ 写入属性
    □ 遍历文件夹/执行文件          □ 写入扩展属性
    □ 列出文件夹/读取数据          □ 删除
    □ 读取属性                    □ 读取权限
    □ 读取扩展属性                □ 更改权限
    □ 创建文件/写入数据            □ 取得所有权
    □ 创建文件夹/附加数据
```

图 5-13　文件的特殊 NTFS 权限

其子文件夹之间移动（遍历），即使这些文件夹本身没有访问权限。

（2）列出文件夹目录/读取数据（List Folder/Read Data）：该权限允许用户查看文件夹中的文件名称、子文件夹名称和查看文件中的数据。

（3）读取属性（Read Attributes）：该权限允许用户查看文件或文件夹的属性（如系统、只读、隐藏等属性）。

（4）读取扩展属性（Read Extended Attributes）：该权限允许查看文件或文件夹的扩展属性，这些扩展属性通常由程序所定义，并可以被程序修改。

（5）创建文件/写入数据（Create Files/Write Data）：该权限允许用户在文件夹中创建新文件，也允许将数据写入现有文件并覆盖现有文件中的数据。

（6）创建文件夹/附加数据（Create Folder/Append Data）：该权限允许用户在文件夹中创建新文件夹或允许用户在现有文件的末尾添加数据，但不能对文件现有的数据进行覆盖、修改，也不能删除数据。

（7）写入属性（Write Attributes）：该权限允许用户改变文件或文件夹的属性。

（8）写入扩展属性（Write Extended Attributes）：该权限允许用户对文件或文件夹的扩展属性进行修改。

（9）删除子文件夹及文件（Delete Subfolders and Files）：该权限允许用户删除文件夹中的子文件夹或文件，即使在这些子文件夹和文件上没有设置删除权限。

（10）删除（Delete）：该权限允许用户删除当前文件夹和文件，如果用户在该文件或文件夹上没有删除权限，但是在其父级的文件夹上有删除子文件及文件夹权限，那么仍然可以删除它。

（11）读取权限（Read Permissions）：该权限允许用户读取文件或文件夹的权限列表。

（12）更改权限（Change Permissions）：该权限允许用户改变文件或文件夹上的现有权限。

（13）取得所有权（Take Ownership）：该权限允许用户获取文件或文件夹的所有权，一旦获取了所有权，用户就可以对文件或文件夹进行全权控制。

文件夹的特殊权限与标准权限的对应关系见表5-1。

表5-1 文件夹的标准权限和特殊权限的对应关系

文件夹的标准权限	文件夹的特殊权限
读取	1. 列出文件夹 2. 读取属性 3. 读取扩展属性 4. 读取权限
读取和执行	1. 读取数据 2. 读取属性 3. 读取扩展属性 4. 读取权限 5. 遍历文件夹
写入	1. 创建文件 2. 创建文件夹 3. 写入属性 4. 写入扩展属性
修改	1. 读取数据 2. 读取属性 3. 读取扩展属性 4. 读取权限 5. 遍历文件夹 6. 创建文件 7. 创建文件夹 8. 写入属性 9. 写入扩展属性 10. 删除
列出文件夹内容	1. 读取数据 2. 读取属性 3. 读取扩展属性 4. 读取权限 5. 遍历文件夹
完全控制	具有所有的NTFS权限

文件的特殊权限与标准权限的对应关系见表 5-2。

表 5-2　文件的标准权限和特殊权限的对应关系

文件的标准权限	文件的特殊权限
读取	1. 读取数据 2. 读取属性 3. 读取扩展属性 4. 读取权限
读取和执行	1. 读取数据 2. 读取属性 3. 读取扩展属性 4. 读取权限 5. 执行文件
写入	1. 写入数据 2. 附加数据 3. 写入属性 4. 写入扩展属性
修改	1. 读取数据 2. 读取属性 3. 读取扩展属性 4. 读取权限 5. 执行文件 6. 写入数据 7. 附加数据 8. 写入属性 9. 写入扩展属性 10. 删除
完全控制	具有所有的 13 项特殊权限

【任务实施向导】

5.3.2　设置特殊的 NTFS 权限

（1）打开"销售部的高级安全设置"对话框，如图 5-14 所示。单击"添加"按钮。

（2）在"销售部的权限项目"对话框中，单击"选择主体"按钮，如图 5-15 所示。

（3）输入或选择要设置权限的用户"销售部-user3"后，单击"确定"按钮，如图 5-16 所示，回到"销售部的权限项目"对话框。

（4）单击如图 5-15 所示的"显示高级权限"按钮，选中对应的权限："列出文件夹/读取数据+读取属性+读取扩展属性+创建文件夹/附加数据+读取权限"。设置完成后，单击"确定"按钮即可，如图 5-17 所示。

图 5-14 "销售部的高级安全设置"对话框

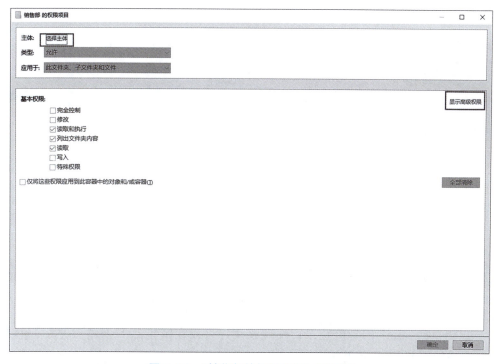

图 5-15 "销售部的权限项目"对话框

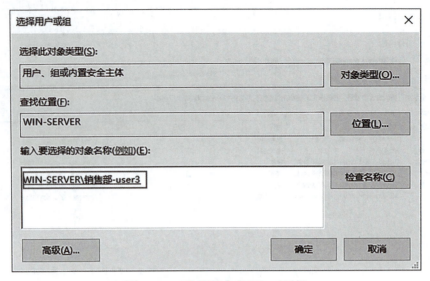

图 5-16 "选择用户或组"对话框

图 5-17 "销售部的权限项目"对话框

（5）以销售部-user3 的身份登录，发现该用户可以在销售部下创建文件夹，但是创建文件时会出现如图 5-18 所示的提示。

图 5-18　创建文件被拒绝提示

任务 5.4　NTFS 权限的应用规则

【任务目标】

将文件销售数据 1 的所有者设置为销售部-user1。

【知识链接】

5.4.1　NTFS 权限的应用规则

NTFS 权限有 4 个应用规则，分别是权限的累加规则、拒绝优先规则、文件的权限优于文件夹的权限及权限的继承规则。

权限的累加规则：当用户属于多个组时，每个组和用户分别对某个文件或文件夹拥有权限，该用户访问文件时，该文件的实际权限是多个组的权限之和。例如，用户 peter 分别属于管理组和销售组，该用户对某文件夹 NTFS 权限的设置是写入、销售组对该文件夹具有读取权限、管理组对该文件夹具有读取和运行权限，那么根据权限的累加规则，用户 peter 最终对该文件夹的有效访问权限是读取+运行+写入。

权限的拒绝优先规则：当用户属于多个组时，多个组和用户分别对某个文件或文件夹拥有权限，如果其中某个组对该文件或文件夹的某个权限具有"拒绝权限"，那么该用户的该权限就是拒绝。例如，用户 peter 分别属于管理组和销售组，该用户对某文件夹 NTFS 权限的设置是写入、销售组对该文件夹具有拒绝写入权限、管理组对该文件夹具有读取权限，那么根据权限的累加规则，用户 peter 最终对该文件夹的有效访问权限是读取。

权限的继承规则：新建的文件或文件夹都有默认的 NTFS 权限，这些默认权限是继承的上一级文件夹或驱动器的权限。从上一级继承下来的权限是不能直接修改或删除的，只能在此基础上添加其他权限。如果要对继承的权限进行修改，需要将权限设置阻止继承。权限的阻止继承的方法可参考 5.2.3 节。

文件的权限优于文件夹的权限：默认情况下，文件夹下的文件会继承上一级文件夹的权限，那么当用户或组对文件夹下的文件设置了与继承权不同的 NTFS 权限时，那么文件权限将优先于文件夹权限，即用户对文件的最终权限是被赋予该文件的权限。如用户 peter 对上一级文件夹的权限是完全控制，而对该文件夹下的某文件只拥有读取权限，最终 peter 对该文件的权限是读取。

5.4.2　移动和复制对文件或文件夹权限的影响

当设置好了文件夹或文件的权限之后，该文件夹或文件需要被移动或复制，其权限会受到影响。移动和复制分为在同一 NTFS 分区或不同的 NTFS 分区下进行。影响如下：

当在同一个 NTFS 分区下复制时，相当于新建了一个文件或文件夹，此时该文件或文件夹会继承目的文件夹的权限。

当不在同一个 NTFS 分区下复制时，也相当于新建了一个文件或文件夹，此时该文件或文件夹也是会继承目的文件夹的权限。

当不在同一个 NTFS 分区下移动时，此时该文件或文件夹会继承目的文件夹的权限。

当在同一个 NTFS 分区下移动时，分为两种情况：如果源文件的权限是继承来的，则会删除源文件继承的权限，保留非继承的权限，然后继承目标权限；如果源文件不是继承的父权限，则保留原来的权限。

5.4.3　文件的所有者

在 Windows 上，每一个文件或文件夹都有归属，即文件或文件夹的所有者。一般情况下，文件或文件夹的所有者就是创建者，谁创建了该文件或文件夹，谁就是所有者。在需要的情况下，可以更改文件或文件夹的所有者。所有者即使对文件或文件夹没有任何权限，也依然具有更改权限，默认情况下，只有管理员可以更改文件或文件夹的所有者。

【任务实施向导】

5.4.4　更改文件的所有者

（1）在文件"销售数据 1"上右击，选择"属性"，然后在打开的对话框中单击"安全"选项卡，选择"高级"按钮，打开"销售数据 1 的高级安全设置"对话框，单击所有者标签旁边的"更改"按钮，如图 5-19 所示。

（2）在"选择用户或组"对话框中输入或选择要设置的所有者的用户名，这里是"销售部-user1"。单击"确定"按钮，如图 5-20 所示。

（3）此时，返回"销售数据 1 的高级安全设置"对话框，可以看到，文件的所有者已经做了更改，如图 5-21 所示。

图 5-19 "销售数据 1 的高级安全设置"对话框

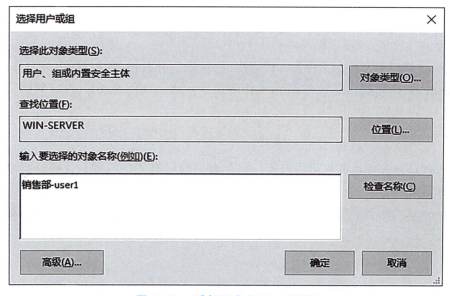

图 5-20 "选择用户或组"对话框

图 5-21 更改了文件的所有者

任务拓展：用户所有权的应用

【任务目标】

用户 peter 创建了文件，文件名为销售数据-peter，并且设置的权限为只有 peter 具有访问权限。此时 peter 离职，由 alice 接手了他的工作，那么如何使用户 alice 对该文件具有访问权限。

【任务实施步骤】

（1）管理员对文件也没有访问权限，但是有更改所有者的权限，管理员可以将该文件的所有者换成 alice。

（2）alice 成为所有者之后，就可以重新设置该文件的权限，将自己设置为对该文件拥有完全控制权。

【知识测试】

1. user1 是组 group1 和组 group2 的成员。组 group1 对文件夹 temp 的 NTFS 权限是"读取和写入"；组 group2 对文件夹的 NTFS 权限是"拒绝读取"。当用户 user1 从网络访问文件夹 temp 时，他的有效权限是（　　）。

　　A. 读取　　　　　　　　　　　　　　B. 拒绝读取和写入

C. 读取和写入　　　　　　　　　　D. 拒绝读取和拒绝写入

2. 用户在创建文件夹后，发现文件夹的 NTFS 权限已经存在一些设置，造成这种情况的原因是（　　）。

A. 文件夹会继承磁盘的属性

B. 操作系统提前做了设置

C. 文件夹会自动继承上一级文件夹的权限

D. 文件夹会自动继承下一级文件夹的权限

3. 管理员在整理文件夹时，将原来财务部的文件夹复制到了另一个分区上，结果用户报告说，他们不能进入该文件夹了，造成这种情况最可能的原因是（　　）。

A. 管理员压缩了该文件夹

B. 管理员加密了该文件夹

C. 复制到另一分区后，继承了目标文件夹的权限，失去了原来的财务部 NTFS 权限

D. 复制到另一分区后，保留着原来的财务部 NTFS 权限

4. 不属于文件的 NTFS 权限的类型有（　　）。

A. 完全控制　　　　　　　　　　B. 修改

C. 读取和运行　　　　　　　　　D. 列出文件夹内容

5. 在同一个 NTFS 分区中复制文件，该文件的 NTFS 权限将是（　　）。

A. 保留原有 NTFS 权限

B. 继承目标文件夹的 NTFS 权限

C. 没有 NTFS 权限，需要管理员重新分配

D. 仅保留原有继承的权限

实训项目　文件系统的 NTFS 权限及应用规则

一、实训目的

（1）选择合适的文件系统，并进行配置。

（2）为重要的文件夹选择并配置合理的安全权限。

二、实训背景

公司中有一台 Windows Server 2022 文件服务器，服务器管理着本公司重要的文件资源，为保证文件及文件夹的安全性，需要针对用户或组设置不同的权限。

三、实训要求

（1）有一个财务部的文件夹"财务部"，各个用户使用该文件夹的标准权限如下：

①财务部经理：可以读取此文件夹中内容，可在此文件夹中创建（写入）文件或子文件夹，并能够删除该文件夹中的内容，但不能更改该文件夹的权限。

②财务部-user1：可以读取此文件夹中文件的内容，可在此文件夹中创建（写入）文件或子文件夹，但不能删除该文件夹，也不可给文件夹重命名。

③财务部-user2：只能读取文件的内容，不可在此文件夹中创建（写入）文件或子文件

夹，也不能删除该文件夹中的内容。

（2）在文件服务器上，有一个"技术资料"文件夹，允许所有普通用户（users）写入文件，不能写入文件夹，不允许读取里面的文件。

（3）在文件服务器上有一个文件夹 share，用户管理部-user1 同时属于管理组和销售组，对文件夹 share 的 NTFS 权限的设置分别为：管理部-user1 用户具有写入权限、销售组仅有读取权限、管理组仅有列出文件夹内容权限，对管理部-user1 用户最终对文件夹 share 的有效访问权限进行验证。

（4）在文件服务器上有一个文件夹 apps，用户管理部-user1 同时属于管理组和销售组，对于文件夹 apps 的 NTFS 权限的设置分别为：管理部-user1 "写入"、销售组 "拒绝写入"、管理组 "读取"，对管理部-user1 用户最终对文件夹 share 的有效访问权限进行验证。

任务 6

管理 DNS 服务器

任务背景

公司开发了内网网站，需要公司内网用户通过 FQDN（www.bitc2h.com）来访问网站，该网站域名暂时还未在互联网上注册，需要公司内部搭建 DNS 服务器完成域名解析。

知识目标

（1）理解 DNS 服务的功能、域名结构。

（2）理解 DNS 服务器的工作原理。

能力目标

（1）能够根据需求对 DNS 服务进行安装、创建区域文件及相关资源记录并进行配置和测试。

（2）能够根据需求进行 DNS 辅助区域、存根区域的创建。

（3）能够根据需求创建 DNS 的委派。

素质目标

（1）培养并提高学生学习的主动性和创新意识。

（2）培养并提高学生的自主学习能力。

任务 6.1　DNS 的基本概念

【知识链接】

6.1.1　DNS 的概念

在网络中，计算机通过 IP 地址来通信，而网络中的每台服务器都会有一个 IP 地址，包括我们常用的 Web 服务器。在地址栏中，如果输入该 Web 服务器的 IP 地址，就能够访问其对应的网站，如图 6-1 所示。但是 IP 地址用数字表示，记忆起来比较困难，所以，在网络上进行 Web 服务访问时，使用的往往是便于用户记忆的，称之为域名的友好名字，例如：www.bitc.edu.cn，如图 6-2 所示。

当客户机浏览器使用域名来访问 Web 服务器时，得先设法找到该 Web 服务器相应的 IP 地址，因为客户机与服务器之间仍然是通过 IP 地址进行连接的，如图 6-1 和图 6-2 所示，如果要访问 www.bitc.edu.cn，需要将其转换为 1114.252.211.2。

DNS（Domain Name Service，域名服务）是 Internet 中广泛使用的，用于提供域名注册和域名与地址之间相互转换的一组协议和服务。在 Windows Server 2022 中，使用 DNS 服务

图 6-1　通过 IP 地址访问 Web 站点

图 6-2　通过域名访问 Web 站点

来实现域名与 IP 地址的相互转换。其类似于 114 查询台，如果有不知道的电话号码，只需打电话向 114 查询台询问即可。如果想知道某个域名所对应的 IP 地址或者某个 IP 地址所对应的域名，只需向网络中的 DNS 服务器进行询问即可。

所以，DNS 的主要作用就是完成完全合格域名（FQDN）和 IP 地址之间的相互转换，方便用户使用 FQDN（完全合格域名）来访问 Internet 上的计算机。

域名服务系统由 DNS 客户端和 DNS 服务器构成。能提供 DNS 服务的服务器叫作 DNS 服务器，它用来记住域名和 IP 地址的对应关系，并接受客户查询。

DNS 客户端向 DNS 服务器提出查询请求，DNS 服务器作出响应的过程称为域名解析。域名解析主要包含两个方面：正向解析和反向解析。将 FQDN 解析成 IP 地址的过程叫正向解析，而将 IP 地址解析成 FQDN 的过程称为反向解析，如图 6-3 所示。

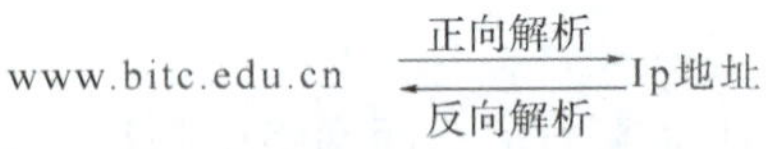

$$www.bitc.edu.cn \underset{\text{反向解析}}{\overset{\text{正向解析}}{\rightleftarrows}} Ip地址$$

图 6-3　正向解析和反向解析

6.1.2　DNS 的域名空间结构

任何一个连接在因特网上的主机，都有唯一的层次结构的名字，即域名（如 www.bitc.edu.cn）。如果给计算机起全球唯一的域名，必须遵守全球域名结构的命名规则。如果要进行因特网访问，还要向 DNS 域名注册颁发机构申请合法的域名。

因特网采用了层次树状结构的命名方法。完整的域名是一个由"."分隔的字符串，其中每个部分都代表一个域或主机名。自上而下分为根域、顶级域、二级域、子域以及主机名，如图 6-4 所示。

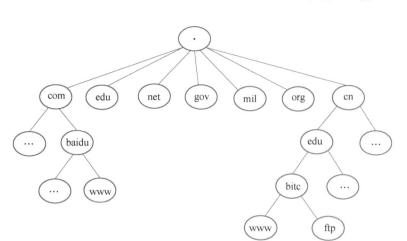

图 6-4　层次树状域名结构

下面以 www.baidu.com 为例来分析域名结构。

根域：代表域名命名空间的根，用点"."来表示。www.baidu.com 中 com 后面省略了一个点，这个点代表根域。

顶级域：直接处于根域下面的域，代表一种类型的组织或一些国家。www.baidu.com 中 com 为顶级域。常用的顶级域由 Mil、Com、Edu、Gov、Net、Org 和国家或地区代码。其中，Com 代表商业机构，Edu 代表教育、学术研究单位，Gov 代表官方政府单位，Net 代表网络服务机构，Org 代表财团法人等非营利机构，Mil 代表军事部门。

二级域：在顶级域下面，用来标明顶级域以内的一个特定的组织。www.baidu.com 中 baidu 为二级域。

子域：在二级域的下面所创建的域，它一般由各个组织根据自己的需求与要求自行创建和维护。

主机名：是域名命名空间中的最下面一层。www.baidu.com 中，www 为主机名。

此外，www.baidu.com 中，baidu.com 称为域名，www 为主机名，www.baidu.com 称为完全合格域名 FQDN，而我们常在浏览器里输入的 http://www.baidu.com 称为 URL（统一资源定位器）。其中，http 代表的是协议。所以，通常说的域名 www.baidu.com，它更标准的说法是完全合格域名，如图 6-5 所示。

图 6-5　规范命名

6.1.3　DNS 的查询模式

DNS 从查询方式上分，有递归查询和迭代查询两种。

递归查询：本地 DNS 服务器接收到查询请求时，要么做出查询成功的响应，要么做出查询失败的响应，这种查询叫递归查询，如图 6-6 所示。

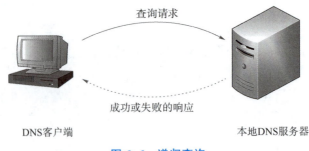

图 6-6　递归查询

一般由 DNS 客户机向本地 DNS 服务器提出的查询请求属于递归查询。本地 DNS 服务器指的是在本地 TCP/IP 属性中设置的那个 DNS 地址。当收到 DNS 客户机的查询请求后，DNS 服务器在自己的缓存或区域数据库中查找，如果数据库中有对应的域名和 IP 的映射信息，则把该域名所对应的 IP 地址返回给客户机。如果服务器在自己的数据库中没有发现该资源记录，则宣告查询失败。该本地 DNS 服务器不会主动地告诉 DNS 客户机另外的 DNS 服务器的地址，而需要 DNS 客户机自行向其他 DNS 服务器询问。

迭代查询：DNS 服务器接收到查询请求后，若该服务器中不包含所需查询记录，它会告诉请求者另外一台 DNS 服务器的 IP 地址，使请求者转向另一台 DNS 服务器继续查询。依此类推，直到查到所需记录。否则，由最后一台 DNS 服务器通知请求者查询失败。这种查询叫作迭代查询，如图 6-7 所示。

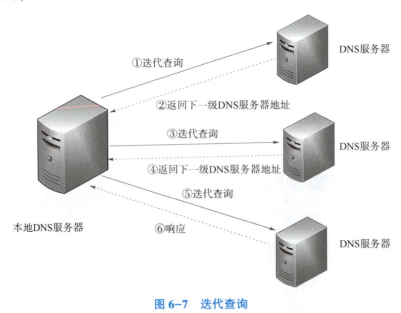

图 6-7　迭代查询

一般在 DNS 服务器之间的查询请求便属于迭代查询。如果本地 DNS 服务器查询不到对应的记录，但是在本地 DNS 服务器上设置了 DNS 的根提示或转发器，那么此时本地 DNS 服务器将会向网络中的其他 DNS 服务器做迭代查询。

6.1.4 完整的域名解析过程

完整的 DNS 查询过程如下（以 www.baidu.com 为例）。

（1）在浏览器中输入 www.baidu.com，操作系统会先检查自己本地的 hosts 文件是否有这个网址映射关系，如果有，就先调用这个 IP 地址映射，完成域名解析。

（2）如果 hosts 文件里没有这个域名的映射，则查找本地 DNS 缓存，查看是否有这个网址映射关系，如果有，直接返回，完成域名解析。

（3）如果 hosts 文件与本地 DNS 缓存都没有相应的映射关系，首先会找 TCP/IP 参数中设置的首选 DNS 服务器（我们叫它本地 DNS 服务器）。此服务器收到查询时，如果要查询的域名包含在本地配置区域文件中，则返回解析结果给客户机，完成域名解析。

（4）如果要查询的域名不由本地 DNS 服务器区域解析，则根据本地 DNS 服务器的设置（是否设置转发器）进行查询。如果未设置转发器，本地 DNS 就把请求发至 13 台根 DNS。根 DNS 服务器收到请求后，会判断这个域名（.com）由谁来授权管理，并会返回一个负责该顶级域名服务器的 IP。本地 DNS 服务器收到该 IP 信息后，将会发送请求给负责 .com 域的这台服务器。这台负责 .com 域的服务器收到请求后，如果自己无法解析，它就会找一个管理 .com 域的下一级 DNS 服务器地址（baidu.com）给本地 DNS 服务器。当本地 DNS 服务器收到这个地址后，就会找 baidu.com 域服务器，重复上面的动作，进行查询，直至找到 www.baidu.com 主机。

（5）如果设置了转发器，本地 DNS 服务器就会把请求转发至上一级 DNS 服务器（转发器），由上一级服务器进行解析。上一级服务器如果不能解析，本地 DNS 还是会把请求发送给根 DNS，以此循环。

（6）本地 DNS 服务器最后都是把结果返回给本地 DNS 服务器，DNS 服务器再将结果返回给客户机。

至此，完成整个查询过程。

任务 6.2　DNS 服务器的配置

【任务目标】

1. 任务拓扑（图 6-8）

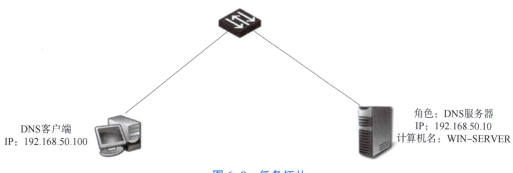

图 6-8　任务拓扑

2. 任务目标

（1）在 DNS 服务器上安装 DNS 服务

（2）公司的域名为 bitc2h.com，搭建了一个主机名为 www 的站点，拟使用域名 www.bitc2h.com，此站点所在的 IP 为 192.168.50.50，需要访问该站点的内部人员通过 FQDN 进行访问。请完成正向区域文件的创建和主机 A 记录的创建。

（3）公司内部又在 192.168.50.50 这台服务器上创建了 ftp 站点，请使用域名 ftp.bitc2h.com，并且将 ftp.bitc2h.com 创建成 www.bitc2h.com 的别名记录。

（4）完成 IP 地址到 www.bitc2h.com 的反向查询。

【知识链接】

6.2.1 DNS 的区域类型

区域是域名空间中连续的一部分，DNS 是以区域为单位来管理域名空间的，按照解析方向，DNS 区域分为两种类型：正向查找区域和反向查找区域。

正向查找区域：用于 FQDN 到 IP 地址的映射，当 DNS 客户端请求解析某个 FQDN 时，DNS 服务器在正向查找区域中进行查找，并返回给 DNS 客户端对应的 IP 地址。

反向查找区域：用于 IP 地址到 FQDN 的映射，当 DNS 客户端请求解析某个 IP 地址时，DNS 服务器在反向查找区域中进行查找，并返回给 DNS 客户端对应的 FQDN。

6.2.2 DNS 的资源记录类型

DNS 区域通过资源记录为客户端提供相应域名解析，记录着主机的 IP 地址和域名的对应关系。

NS 记录（名称服务器记录）：NS 记录用于说明负责解析该区域的所有 DNS 服务器。

SOA 记录（起始授权机构记录）：此记录用于识别该区域的主要来源 DNS 服务器和一些区域属性。

A 记录：也称为主机记录，是使用最广泛的 DNS 记录。A 记录列出了区域中 FQDN（完全合格域名）到 IP 地址的映射。

CNAME 记录：也称为别名记录，CNAME 记录允许将多个名字映射到同一个 IP。该记录用于标识同一主机的不同用途。例如，用于同时提供 WWW 和 FTP 服务的计算机，可创建别名记录，这样便于更改域名所映射的 IP 地址。

PTR 记录：也称为指针记录，列出了区域中 IP 地址到 FQDN 的映射。

MX 记录：也称为邮件交换器记录，用于电子邮件应用程序发送邮件时根据收信人的地址后缀来定位邮件服务器。创建 MX 记录前，首先要创建一个 A 记录。

【任务实施向导】

6.2.3 DNS 服务器的安装及客户端设置

（1）提供 DNS 服务的必要条件是服务器要有固定 IP 地址。服务器的 ICP/IPv4 属性设置如图 6-9 所示。

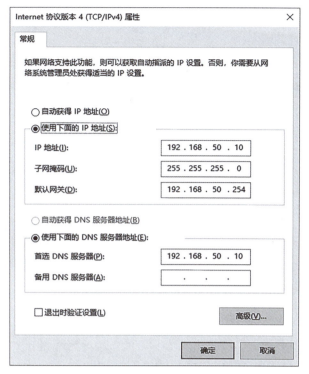

图 6-9　DNS 服务器的 TCP/IPv4 属性配置

（2）启动服务器管理器后，单击"添加角色和功能"超链接，如图 6-10 所示，启动添加角色和功能向导。

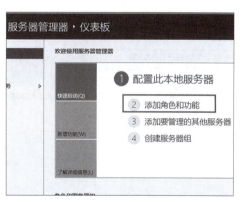

图 6-10　"添加角色和功能"超链接

（3）在"开始之前"对话框中，仔细阅读说明，在继续之前，确保完成如图 6-11 所示的任务，然后单击"下一步"按钮。

（4）在"选择安装类型"对话框中，选择"基于角色或基于功能的安装"，单击"下一步"按钮，如图 6-12 所示。

（5）在"选择目标服务器"对话框中，选择"从服务器池中选择服务器"，选中要操作的服务器后，单击"下一步"按钮，如图 6-13 所示。

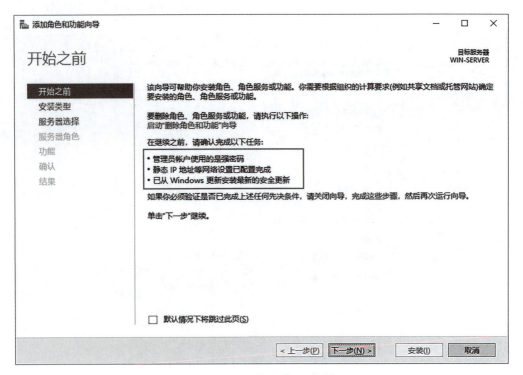

图 6-11 "开始之前"对话框

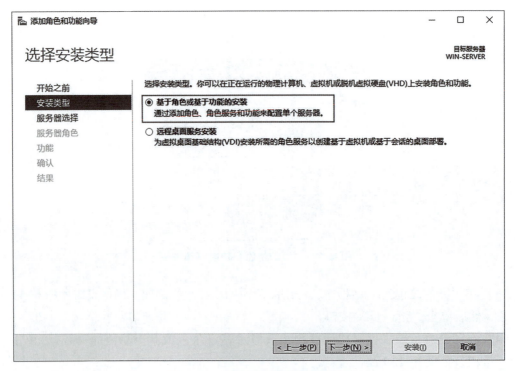

图 6-12 "选择安装类型"对话框

图 6-13 "选择目标服务器"对话框

（6）在"选择服务器角色"对话框中，选中 DNS 服务器，如图 6-14 所示。弹出"添加 DNS 服务器所需的功能"对话框，如图 6-15 所示，单击"添加功能"按钮，回到"选择服务器角色"界面，单击"下一步"按钮。

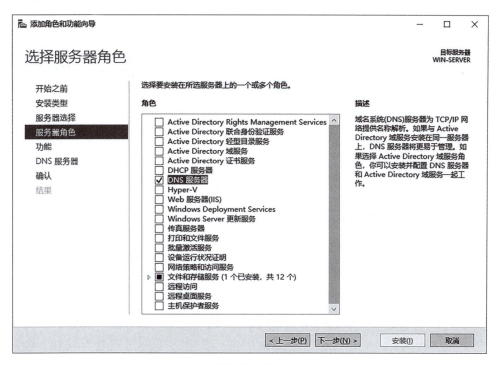

图 6-14 "选择服务器角色"对话框

图 6-15 "添加 DNS 服务器所需的功能"对话框

（7）在"选择功能"对话框中，不做任何操作，单击"下一步"按钮，如图 6-16 所示。

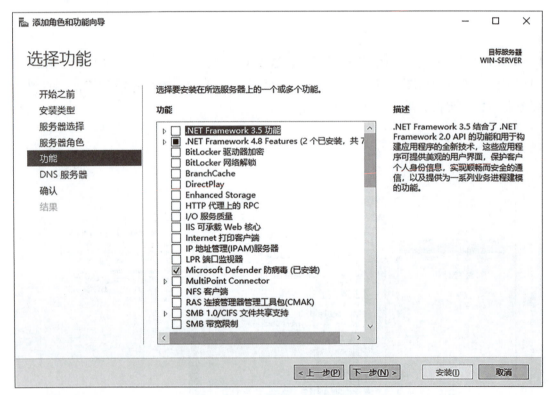

图 6-16 "选择功能"对话框

（8）在"DNS 服务器"对话框中查看注意事项，单击"下一步"按钮，如图 6-17 所示。在弹出的"确认安装所选内容"对话框中进行核对，单击"安装"按钮，如图 6-18 所示。

任务 6　管理 DNS 服务器

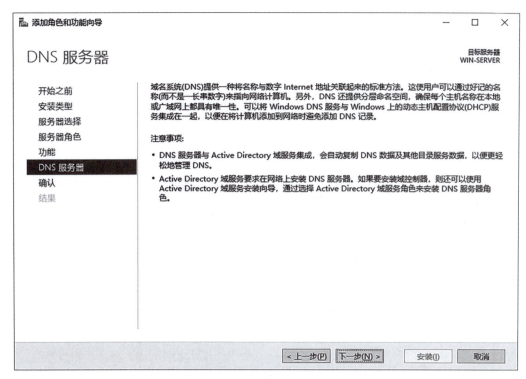

图 6-17　"DNS 服务器"对话框

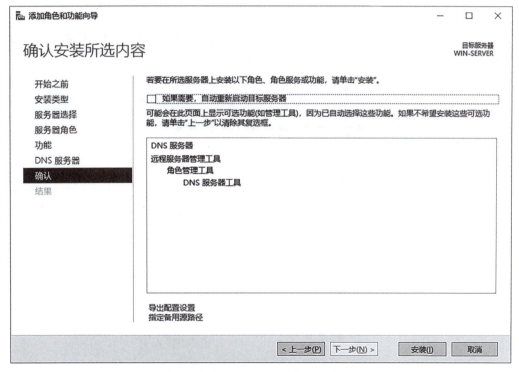

图 6-18　"确认安装所选内容"对话框

(9)在"安装进度"对话框中,显示功能开始安装,安装完毕后关闭对话框即可,如图 6-19 所示。

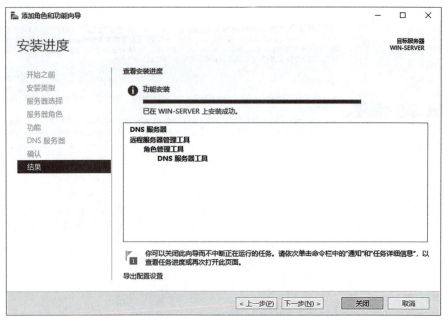

图 6-19 "安装进度"对话框

6.2.4 设置 DNS 客户端

(1)打开客户端的 TCP/IPv4 属性设置界面。将客户端的 DNS 地址指向 DNS 服务器,如图 6-20 所示。

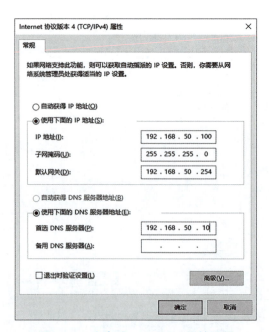

图 6-20 客户端 TCP/IPv4 属性设置

(2) 测试 DNS 服务。

方法 1：使用 ping 命令。ping 命令是用来测试 DNS 能否正常工作的最为简单和实用的工具。ping 后面跟域名即可解析出相应的 IP 地址，如图 6-21 所示。

图 6-21　利用 **ping** 进行域名解析

方法 2：使用 nslookup 进行解析。nslookup 命令用来向 Internet 域名服务器发出查询信息，在命令提示符中输入"nslookup"后按 Enter 键，然后输入要进行解析的域名，在这里输入 www.baidu.com，如果得到应答，说明解析成功。如图 6-22 所示，非权威应答表示使用了迭代查询方法。

图 6-22　利用 **nslookup** 进行解析

方法 3：启动服务器管理器后，选择"工具"菜单选项，单击"DNS"超链接，打开"DNS 管理器"对话框。在服务器名称"WIN-SERVER"处右击，选择"属性"，如图 6-23 所示。打开服务器属性窗口，在"监视"标签中，选中"对此 DNS 服务器的简单查询"和

"对此 DNS 服务器的递归查询"复选框,单击"立即测试"按钮,如图 6-24 所示。

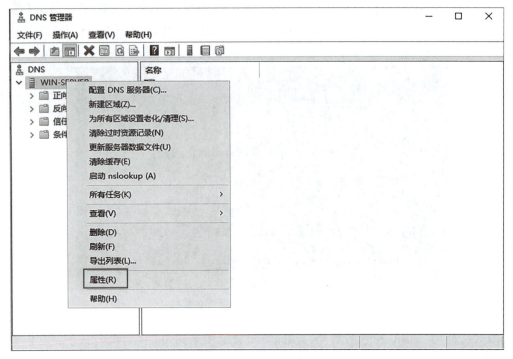

图 6-23　DNS 管理器

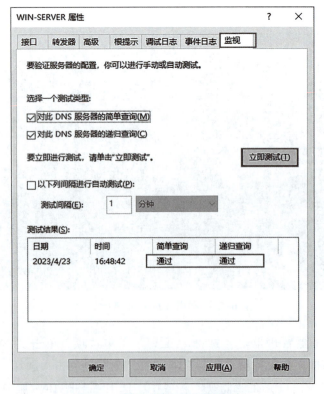

图 6-24　服务器的 DNS 属性窗口

6.2.5 DNS 正向区域的创建

(1) 启动服务器管理器后,选择"工具"菜单选项,单击"DNS"超链接,启动"DNS 服务器管理器"。右击"正向查找区域",在弹出菜单中选择"新建区域"。弹出"新建区域向导"对话框,如图 6-25 所示。

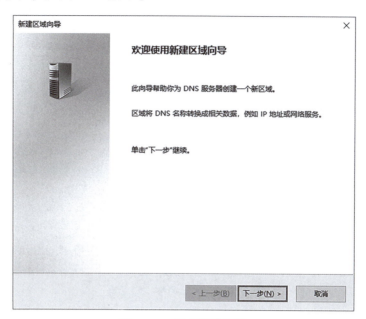

图 6-25 新建区域向导

(2) 在"区域类型"对话框中,选择"主要区域",如图 6-26 所示。

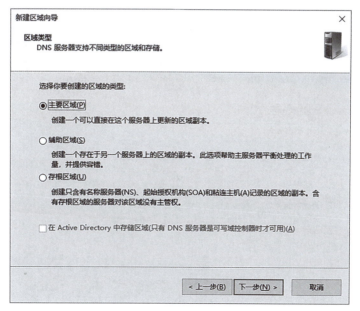

图 6-26 "区域类型"对话框

(3) 在"区域名称"对话框中输入区域名称,这里输入 bitc2h.com,单击"下一步"按钮,如图 6-27 所示。

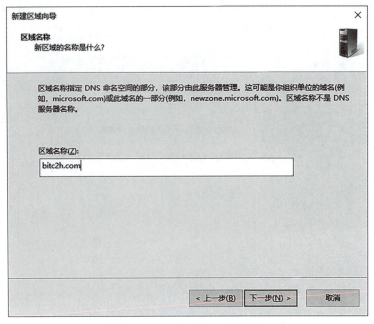

图 6-27 "区域名称"对话框

(4) 在"区域文件"对话框中输入文件名,这里选择默认名称,单击"下一步"按钮,如图 6-28 所示。

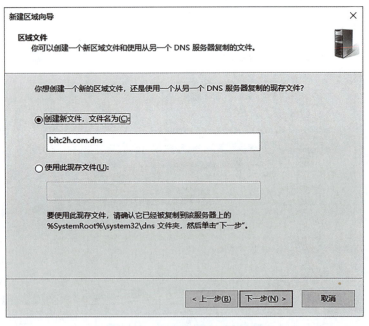

图 6-28 "区域文件"对话框

(5)在"动态更新"对话框中选择是否允许动态更新,这里选择不允许,单击"下一步"按钮,如图 6-29 所示。

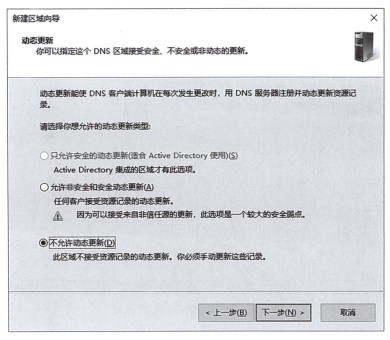

图 6-29 "动态更新"对话框

(6)此时弹出"正在完成新建区域向导"对话框,查看域名、类型等信息无误后,单击"完成"按钮即完成创建,如图 6-30 所示。

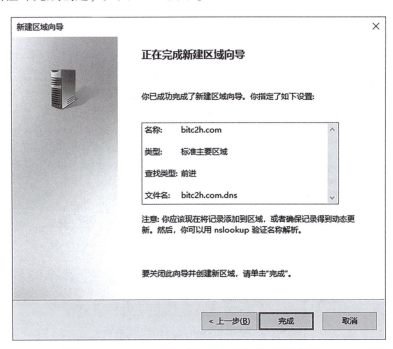

图 6-30 "正在完成新建区域向导"对话框

(7) 此时打开"DNS 管理器"对话框,可以看到 bitc2h.com 区域,如图 6-31 所示。

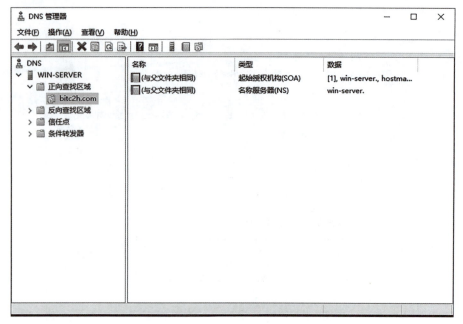

图 6-31　创建好的正向查找区域

6.2.6　创建主机 A 记录

(1) 在创建的正向区域处右击,在弹出菜单中选择"新建主机(A 或 AAAA)",如图 6-32 所示。

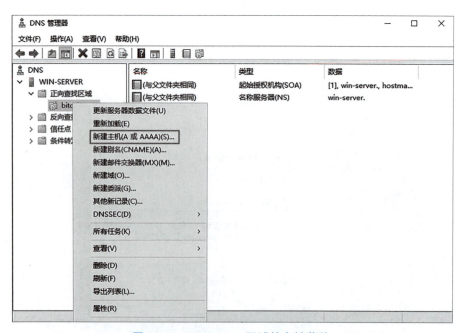

图 6-32　bitc2h.com 区域的右键菜单

（2）在"新建主机"对话框中，在名称处输入主机名，在 IP 地址处输入该 FQDN 对应的 IP 地址，单击"添加主机"按钮，如图 6-33 所示。

（3）弹出提示框，如图 6-34 所示，单击"确定"按钮即可生成一条主机 A 记录，如图 6-35 所示。

图 6-33 "新建主机"对话框中

图 6-34 创建主机记录成功提示

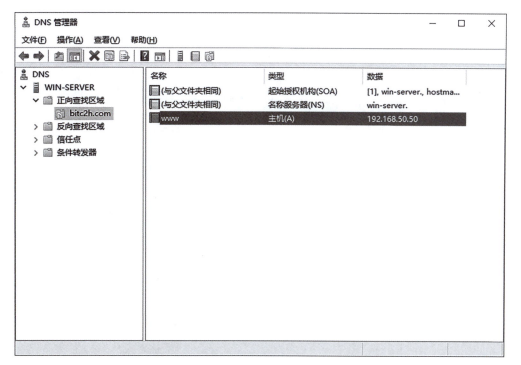

图 6-35 创建好的主机 A 记录

（4）测试。打开客户端的 cmd 窗口，使用 nslookup 命令，将显示出当前 DNS 服务器的地址，输入要解析的 FQDN，"www.bitc2h.com"，就可解析出对应的 IP 地址，如图 6-36 所示。

图 6-36 解析 www.bitc2h.com

6.2.7 创建 CNAME 记录

（1）在创建的正向区域处右击，在弹出的快捷菜单中选择"新建别名（CNAME）"，弹出"新建资源记录"对话框，在别名处输入主机名，在"目标主机的完全合格的域名（FQDN）"处输入指向的 FQDN，或单击"浏览"按钮进行选择，如图 6-37 所示。

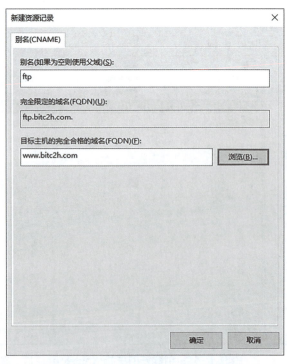

图 6-37 "新建资源记录"对话框

（2）设置完成后，单击"确定"按钮，即可生成一条别名记录，如图 6-38 所示。

图 6-38 创建好的别名记录

（3）测试。使用 nslookup 工具，输入 set type＝cname，转为别名查询，输入 ftp.bitc2h.com 即可查询其所指向的 FQDN，如图 6-39 所示。

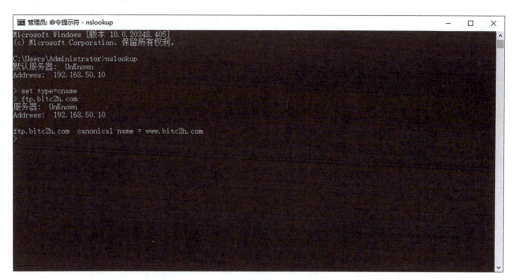

图 6-39 解析别名记录

6.2.8 创建反向区域

（1）启动服务器管理器后，选择"工具"菜单选项，单击"DNS"超链接，启动

"DNS 服务器管理器"。右击"反向查找区域",在弹出的快捷菜单中选择"新建区域",弹出"新建区域向导"对话框。

(2) 在"区域类型"对话框中选择"主要区域",单击"下一步"按钮。

(3) 在"反向查找区域名称"对话框中,选择 IPv4 反向查找区域,单击"下一步"按钮,如图 6-40 所示。

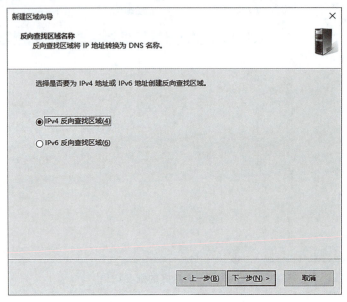

图 6-40 "反向查找区域名称"对话框

(4) 在"网络 ID"处输入要解析成域名的 IP 网络 192.168.50,单击"下一步"按钮,如图 6-41 所示。

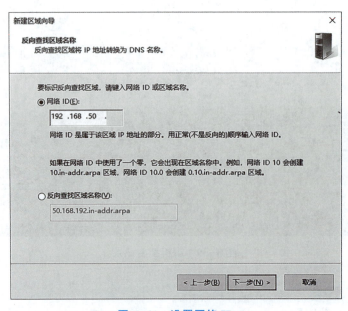

图 6-41 设置网络 ID

（5）在"区域文件"对话框中输入区域文件名，或者选择默认名称，单击"下一步"按钮，如图 6-42 所示。

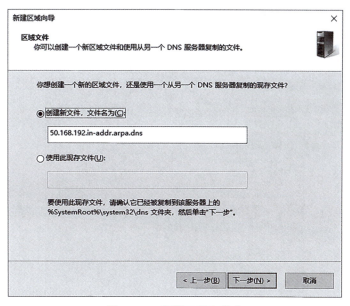

图 6-42　设置区域文件名

（6）在"动态更新"对话框中选择是否允许动态更新，这里选择不允许，单击"下一步"按钮。

（7）此时弹出"正在完成新建区域向导"对话框，查看域名、类型等信息无误后，单击"完成"按钮即完成创建。

（8）此时打开 DNS 管理器，可以看到创建的反向区域，如图 6-43 所示。

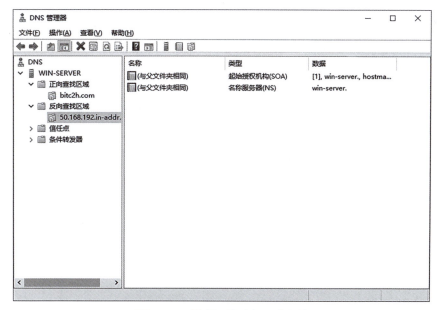

图 6-43　创建好的反向区域文件

6.2.9 创建指针记录

(1) 在创建的反向区域处右击,在弹出的快捷菜单中选择"新建指针(PTR)",弹出"新建资源记录"对话框,在主机 IP 处输入要解析的 IP 地址,在主机名处输入该 IP 对应的 FQDN,单击"确定"按钮,如图 6-44 所示。

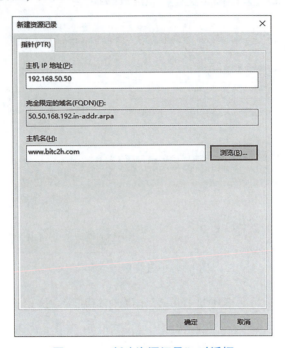

图 6-44 "新建资源记录"对话框

(2) 打开 DNS 管理器后,可以在"反向查找区域"中看到添加的反向查询记录,如图 6-45 所示。

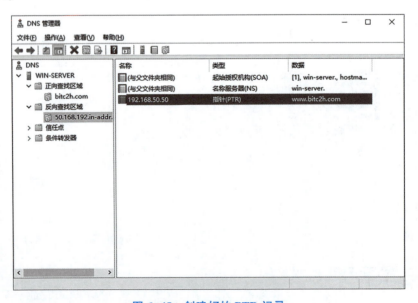

图 6-45 创建好的 PTR 记录

（3）打开 nslookup 工具，输入"set type=ptr"，转为反向记录查询，解析到 192.168.50.50 对应的 FQDN 为 www.bitc2h.com，如图 6-46 所示。

图 6-46　解析指针记录

任务 6.3　DNS 转发器的设置

【任务目标】

（1）在如图 6-8 所示的拓扑中的 DNS 服务器上，设置转发器为 8.8.8.8。
（2）设置条件转发，当有请求域名 bitc.edu.cn 的解析时，转发到 114.114.114.114 上。

【知识链接】

6.3.1　根提示的作用

对于本服务器上找不到的域名查询请求，默认情况下是将直接转发查询请求到根"."DNS 服务器。

在 DNS 管理器中，选中服务器，右击，在弹出的快捷菜单中选择"属性"按钮，在弹出的"属性"对话框中，选择"根提示"标签，即可显示出 13 个 DNS 根服务器，如图 6-47 所示。

通过"添加""删除"按钮可以对相应的根提示进行添加或删除。也可以单击"从服务器复制"按钮，将其他 DNS 服务器上设置的根提示复制过来。

注意：13 个根 DNS 服务器中，1 个为主根服务器，放置在美国；其余 12 个均为辅根服务器，其中 9 个放置在美国，欧洲 2 个，亚洲 1 个（位于日本）。所有根服务器均由美国政府授权的互联网域名与号码分配机构 ICANN 统一管理。

图 6-47　根服务器

6.3.2　转发器的类型和作用

DNS 转发器：当本地 DNS 服务器无法对 DNS 客户端的解析请求进行递归查询和迭代查询，并且无法通过缓存信息来解析客户端的请求时，可以配置本地 DNS 服务器转发 DNS 客户发送的解析请求到上游 DNS 服务器。将本地 DNS 服务器无法解析的请求转发给其他 DNS 服务器（即转发给转发器），必须在本地服务器中添加转发器的 IP 地址。

条件转发器：在 Windows Server 2022 中，提供了条件转发功能，可以将针对不同域名的解析请求转发到不同的转发器。

【任务实施向导】

6.3.3　设置转发器

在 DNS 管理器中，选中服务器，右击，在弹出的快捷菜单中选择"属性"，在弹出的"属性"对话框中，选择"转发器"标签，单击"编辑"按钮，在弹出的对话框中输入转发器的 IP 地址 8.8.8.8，单击"确定"按钮，如图 6-48 所示。

任务 6　管理 DNS 服务器

图 6-48　设置转发器

6.3.4　设置条件转发器

上述转发器的设置针对所有的域名都有效，还可以针对不同的域名设置不同的转发器，这就需要用到条件转发器。

（1）在"DNS 管理器"中右击"条件转发器"文件夹，在弹出的快捷菜单中选择"新建条件转发器"，如图 6-49 所示。

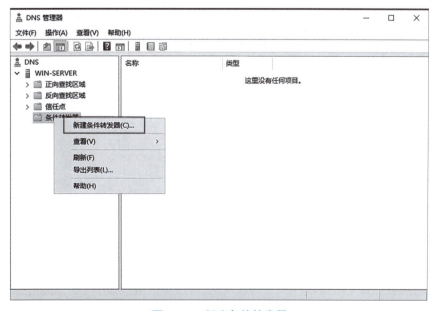

图 6-49　新建条件转发器

（2）输入要设置条件转发的域名 bitc.edu.cn，再输入转发器的 IP 地址 114.114.114.114，单击"确定"按钮即可，如图 6-50 所示。

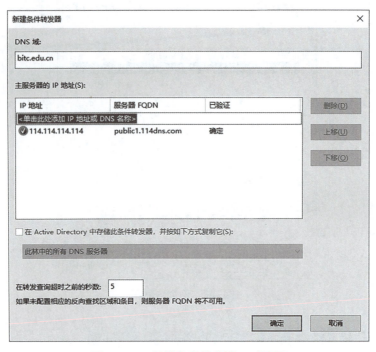

图 6-50 "新增条件转发器"对话框

（3）设置好的条件转发器如图 6-51 所示。

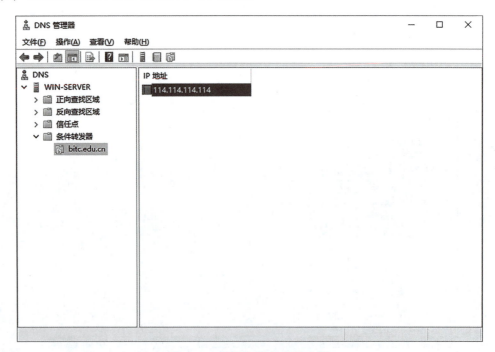

图 6-51 设置好的条件转发器

任务 6.4 设置 DNS 的辅助区域和存根区域

【任务目标】

1. 任务拓扑（图 6-52）

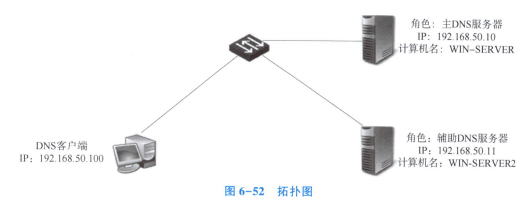

图 6-52 拓扑图

2. 任务目标

（1）在辅助 DNS 服务器上创建 bitc2h.com 的辅助区域。

（2）在辅助 DNS 服务器上创建 bitc2h.com 的存根区域。

【知识链接】

6.4.1 DNS 服务器的类型

DNS 服务器从硬件层面上讲，有主 DNS 服务器和辅助 DNS 服务器。

主 DNS 服务器中存储了其所辖区域内主机的域名资源的正本，而当这些区域内的数据变更时，也是直接写到这台服务器的区域文件中，该文件是可读可写的。

辅助 DNS 服务器定期从主 DNS 服务器复制区域文件，复制后的区域文件被设置为"只读"，也就是说，在辅助 DNS 服务器中不能修改区域文件。辅助 DNS 从主 DNS 复制文件的过程称为区域传送（Zone Transfer）。

6.4.2 DNS 的区域类型

DNS 的区域类型包括主要区域、辅助区域和存根区域。

主要区域存放的是区域的正本，包含相应 DNS 命名空间所有的资源记录，是区域中所包含的所有 DNS 域的权威 DNS 服务器。可以对区域中所有资源记录进行读写，即 DNS 服务器可以修改此区域中的数据，默认情况下区域数据以文本文件格式存放。

辅助区域是现有区域的副本，主要区域中的 DNS 服务器将把区域信息传递给辅助区域中的 DNS 服务器。使用辅助区域的目的是，提供冗余，减少包含主要区域数据库文件的 DNS 服务器上的负载。辅助 DNS 服务器上的区域数据无法修改，并且所有数据都是从主 DNS 服务器复制而来。

存根区域只包含用于标识该区域的权威 DNS 服务器所需的资源记录，如 SOA 和 NS 记录。含有存根区域的 DNS 服务器对该区域没有管理权。

【任务实施向导】

6.4.3 创建辅助区域

（1）设置辅助 DNS 服务器的 IP 地址为 192.168.50.11，并且在辅助 DNS 服务器上安装 DNS 服务。

（2）在主 DNS 服务器上指派辅助 DNS 服务器。打开主 DNS 的正向区域 bitc2h.com 的属性对话框，选择"区域传送"标签，选中允许区域传送到所有服务器。也可根据需要选择"只允许到下列服务器"或"只有在'名称服务器'选项卡中列出的服务器"。设置完成后，单击"确定"按钮，如图 6-53 所示。

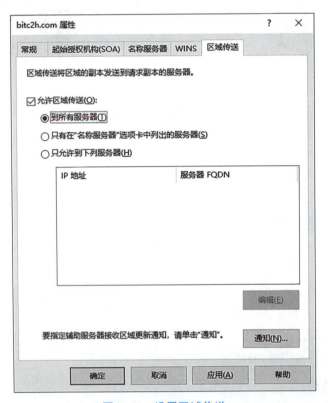

图 6-53 设置区域传送

（3）在辅助区域 DNS 上创建辅助区域。注意：区域名要与主 DNS 服务器上的区域名相同。

①启动服务器管理器后，选择"工具"菜单选项，单击"DNS"超链接，启动"DNS 服务器管理器"。右击"正向查找区域"，在弹出的快捷菜单中选择"新建区域"，弹出"新建区域向导"对话框。

②在"区域类型"窗口中选择区域类型，这里选择"辅助区域"，如图 6-54 所示。单

击"下一步"按钮。

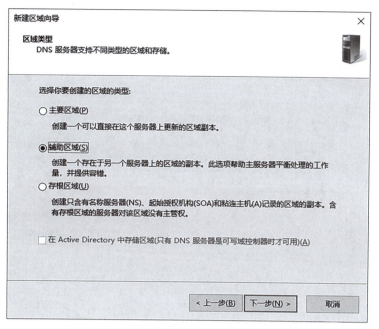

图 6-54　区域类型选择

③区域类型选择"正向查找区域",单击"下一步"按钮。

④在"区域名称"对话框的"区域名称"中输入要由主服务器传递过来的区域名称,这里输入"bitc2h.com",单击"下一步"按钮,如图 6-55 所示。

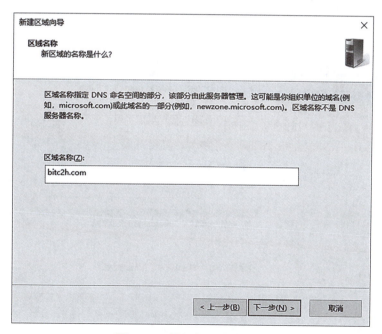

图 6-55　输入新区域的名称

⑤在"主 DNS 服务器"对话框的主"服务器"处输入主服务器的 IP 地址 192.168.50.10，单击"下一步"按钮，如图 6-56 所示。

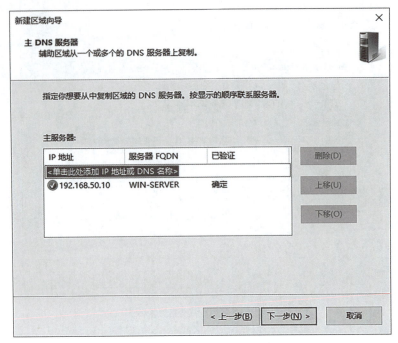

图 6-56　设置主 DNS 服务器

⑥完成辅助 DNS 的搭建，如图 6-57 所示。

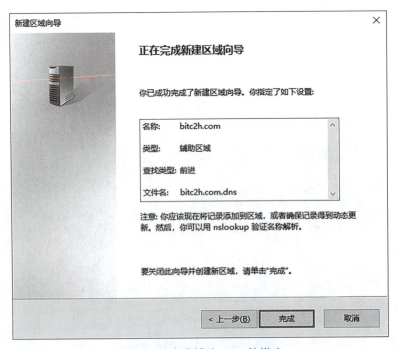

图 6-57　完成辅助 DNS 的搭建

⑦打开 "DNS 管理器"对话框,可以看到主服务器中 bitc2h.com 的所有资源记录都已经被传递过来了,如图 6-58 所示。

图 6-58　辅助 DNS 上的辅助区域

6.4.4　创建存根区域

先将上述创建的辅助区域删掉。

(1) 在辅助 DNS 服务器上创建存根区域。在"区域类型"对话框中选择"存根区域",如图 6-59 所示,其他步骤与辅助区域的相同。

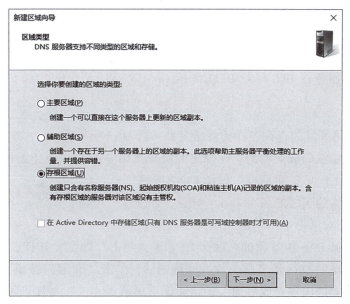

图 6-59　选择区域类型

（2）完成区域传送之后，可以看到，只有主服务器中 bitc2h.com 域的 SOA 和 NS 记录被传递过来了，如图 6-60 所示。

图 6-60　辅助 DNS 上的存根区域

任务拓展：子域的委派

【任务目标】

如若 bitc2h.com 下有一个子域 east.bitc2h.com，为了减轻主 DNS 的负担，将此子域委派给另外一台 DNS 服务器 192.168.50.11 解析。

【任务实施向导】

子域委派就是将子域的查询工作委派给另外一台 DNS 服务器。

（1）在要创建委派的域上右击。在弹出的快捷菜单中选择"新建委派"，如图 6-61 所示，弹出"新建委派向导"对话框，如图 6-62 所示。

（2）输入要委派的子域的名字 east。单击"下一步"按钮，如图 6-63 所示。在弹出的"名称服务器选择"对话框中，单击"添加"按钮。

（3）输入要委派 DNS 服务器的名字和 IP 地址，单击"确定"按钮，如图 6-64 所示。

（4）确认要委派的 DNS 服务器，没有问题的话，单击"确定"按钮，如图 6-65 所示。

（5）出现创建委派向导完成界面，确认无误后单击"完成"按钮即可。

（6）在服务器 192.168.50.11 上设置子域 east.bitc2h.com 及其资源记录，如图 6-66 所示。

任务 6　管理 DNS 服务器

图 6-61　选择"新建委派"

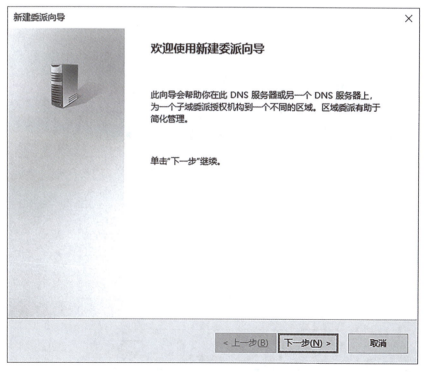

图 6-62　新建委派向导

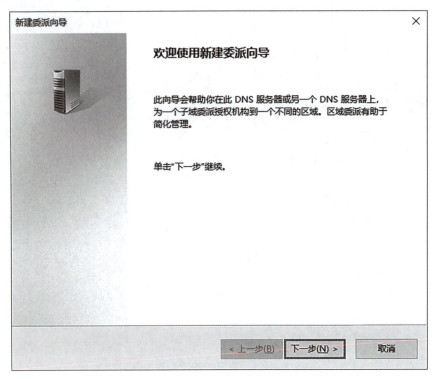

图 6-63 指定要委派的 DNS 域

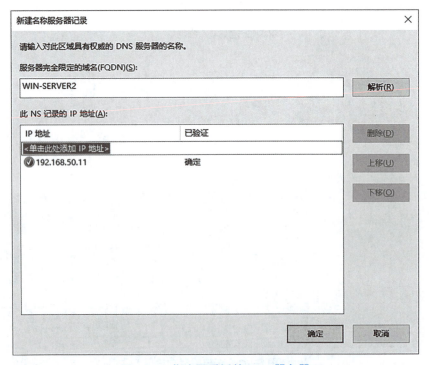

图 6-64 指定要委派的 DNS 服务器

图 6-65 确认要委派的 DNS 服务器

图 6-66 在辅助 DNS 上设置子域

（7）打开 DNS 客户端，用 nslookup 进行 east.bitc2h.com 的解析，如图 6-67 所示。

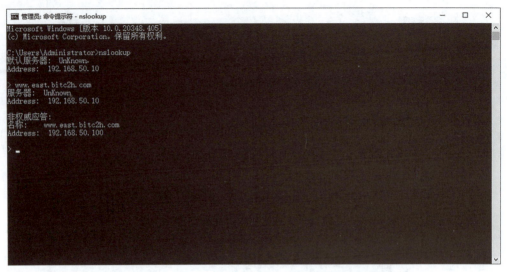

图 6-67　用 nslookup 进行 east.bitc2h.com 的解析

【知识测试】

1. 将 DNS 客户机请求的完全合格域名解析为对应的 IP 地址的过程称为（　　）解析。
　　A. 正向　　　　　B. 反向　　　　　C. 递归　　　　　D. 迭代

2. 当 DNS 服务器收到 DNS 客户机域名解析请求后，如果自己无法解析，那么会把这个请求送给（　　），继续进行查询。
　　A. DNS 客户端　　　　　　　　　　B. DHCP 服务器
　　C. Web 服务器　　　　　　　　　　D. 根 DNS 服务器或本机上设置的转发器

3. 在 Windows Server 2022 的 DNS 服务器上不可以新建的区域类型有（　　）。
　　A. 反向区域　　　B. 辅助区域　　　C. 存根区域　　　D. 主要区域

4. 如果父域的名字是 bitc2h.com，子域的名字是 west，那么子域的 DNS 全名是（　　）。
　　A. bitc2h.com　　B. bitc2h　　　　C. west.bitc2h.com　　D. west.com

5. 在 FQDN www.sina.com.cn 中，代表主机名的是（　　）。
　　A. www　　　　　B. sina　　　　　C. sina.com　　　　D. sina.com.cn

6. 在 FQDN www.sina.com.cn 中，代表域名的是（　　）。
　　A. www　　　　　B. sina　　　　　C. sina.com　　　　D. sina.com.cn

实训项目　搭建 DNS 服务器

一、实训目的

（1）掌握基本的 DNS 站点的基本的安装、配置和测试方法。

（2）掌握 DNS 辅助区域、存根区域及委派配置和测试方法。

二、实训背景

公司在 Windows Server 2022 上搭建主 DNS 和辅助 DN 服务器用于进行站点的解析。

三、实训要求

xxx 是名字拼音的首字母缩写,例如:张三丰,缩写为 zsf。

(1) 公司有两个站点 ftp.xxx-bitc2h.com 和 www.xxx-bitc2h.com,均在服务器 192.168.学号.100 上,需要在内部解析,请在主 DNS 服务器上创建区域,并创建相应记录。

(2) 在主 DNS 服务器上设置 DNS 转发器为 8.8.8.8,并进行测试。

(3) 在 DNS 主服务器上设置条件转发,将 xxx-bitceast.com 的解析请求发送到 DNS 的辅助服务器上。

(4) 在 DNS 主服务器上创建主要区域 xxx-bitc2h.edu。

(5) 在 DNS 辅助服务器上创建辅助区域 xxx-bitc.com,并进行测试。

(6) 在 DNS 辅助服务器上创建存根区域 xxx-bitc.edu,并进行测试。

(7) 在 DNS 主服务器上设置 DNS 委派,将子区域 east.xxx-bitc.com 的解析委派给 DNS 辅助服务器并测试。

任务 7

管理 WWW 和 FTP 服务器

任务背景

公司为了宣传企业形象，增强与客户的网络沟通能力，需要将设计好的企业门户网站 www.bitc2h.com 发布到互联网上，以便于客户的访问。另外，公司需要为其员工提供高效率的信息资源共享平台，这些信息资源的容量比较大，主要包括公司的文件或模板、一些常用的工具软件、视频影像、企业内部的数据资料等。需要在公司服务器上搭建 WWW 和 FTP 服务。

知识目标

（1）了解 IP 地址的两种分配方法及自动分配 IP 地址的优点。

（2）掌握 DHCP 服务的工作过程。

能力目标

（1）掌握安装、配置 DHCP 服务器的方法和步骤，以及配置 DHCP 客户机的方法和步骤。

（2）能构建完整的 DHCP 服务器、地址池、排除地址等。

素质目标

（1）培养学生自主学习能力和创新能力。

（2）培养学生排错能力。

任务 7.1 安装 IIS 服务

【任务目标】

在 Windows Server 2022 上安装 IIS。

【知识链接】

7.1.1 Web 服务概述

Web 是 World Wide Web 的简称，中文名为万维网，经常被表述为 Web 或 3W。万维网是一个全球性的信息系统，是无数个网络站点和网页的集合。我们平时通过浏览器上网观看的网页，就是万维网中的主要内容。

但是它并不等同于互联网（即 Internet，因特网），万维网只是互联网所能提供的应用服务之一,而 Internet 提供的服务有万维网服务、电子邮件服务、文件传输服务、远程登录服务等。

7.1.2 万维网实现的技术

实现万维网有三项关键技术:URL、HTTP 和 HTML。

(1) URL (Uniform Resource Locator,统一资源定位器),用来标识万维网上的每一个文档的唯一位置。互联网上的每个文件都有唯一的 URL,它包含的信息指出文件的位置以及浏览器应该怎么处理它。

URL 主要由三部分构成:协议、主机名、端口/路径。URL 的语法格式是"<协议>://<主机>:<端口>/<路径>",例如 http://www.bitc.edu.cn。

协议用来指定使用的传输协议,它告诉浏览器如何处理要打开的文件。下面是几个常用的协议:

http:超文本传输协议。

https:用安全套接字层传送的超文本传输协议。

ftp:文件传输协议。

file:本地计算机上的文件。

NNTP:网络新闻传输协议。

主机名指的是存放资源的 IP 地址或者是 FQDN。

端口是可选项,省略时代表使用的是默认端口号。各种网络传输协议都有默认的端口号,比如 HTTP 默认使用 80 端口,FTP 默认使用 21 端口。如果服务器上对端口进行了重定义,访问时端口号部分不能省略。

路径部分包含等级结构的路径定义,一般来说,不同部分之间以斜线(/)分隔。

(2) HTTP (Hypertext Transfer Protocol,超文本传输协议),可以在网络上传输由多媒体构成的丰富多彩的带有超链接的网页文件。该协议运行在应用层,指定了客户端可能发送给服务器什么样的消息以及得到什么样的响应。

(3) HTML (Hypertext Markup Language,超文本标记语言),Web 服务器中存储的网页文件是采用 HTML 编写而成的,HTML 文档的最大特点是包含了指向其他文档的链接项,从而方便从该文档跳转到其他的文档。另外,HTML 文档还可以将文本、图像、动画、音频、视频等多媒体信息集成在一起。

7.1.3 Web 服务端软件

Web 服务器也可以称为网站服务器,可以向浏览器等 Web 客户端提供文档。只有把网站发布到 Web 服务器上,用户才能通过计算机网络来访问这些网站。

当前流行的 Web 服务器软件有两种:IIS 和 Apache。

IIS (Internet Information Server, Internet 信息服务)是 Microsoft 开发的用于 Web 服务器的组件,它将 Web 服务器与标准服务集成到一起,并提供强大而可扩展的服务。IIS10.0 是最新版本,被广泛应用于各种企业和组织的 Web 服务器中。它是微软公司主推的服务器。IIS 的特点是安全、强大、灵活,但由于是集成于 Windows 操作系统中的组件,所以是收费的。相对于前代版本，IIS10.0不仅提供了更强大的性能和稳定性，而且还加强了对Web安全的保护。

Apache是一款流行的Web服务器软件，它几乎可以运行在所有的计算机平台上。Apache是开源免费的，Apache的特点是简单、速度快、性能稳定，并可作为代理服务器来使用。Apache在配置上比IIS要复杂，不过一经设置完毕，就可以长期工作了。

【任务实施向导】

7.1.4　安装并测试IIS

（1）启动服务器管理器后，选择"管理"菜单选项，单击"添加角色和功能"超链接，启动"添加角色和功能"向导，单击"下一步"按钮。

（2）在"选择安装类型"对话框中，选择"基于角色或基于功能的安装"，单击"下一步"按钮。

（3）在"选择目标服务器"对话框中，选择"从服务器池中选择服务器"，选择要操作的服务器后，单击"下一步"按钮。

（4）进入"选择服务器角色"对话框，勾选"Web服务器（IIS）"复选框，如图7-1所示。出现"添加Web服务器（IIS）所需的功能"对话框，单击"添加功能"按钮，如图7-2所示，然后在"选择服务器角色"对话框中单击"下一步"按钮继续操作。

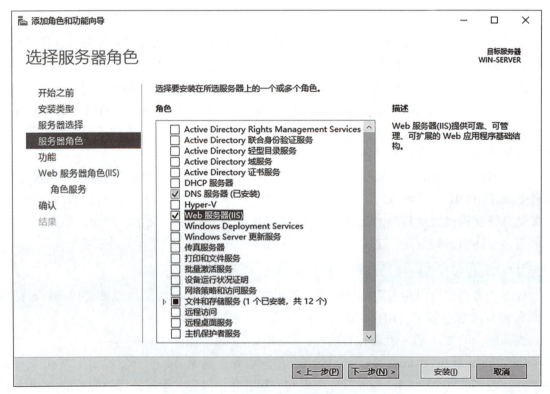

图7-1　"选择服务器角色"对话框

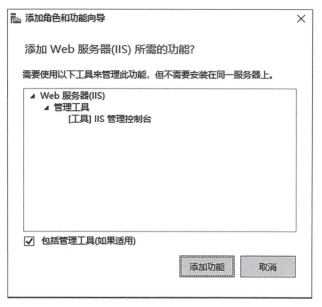

图 7-2 "添加 Web 服务器（IIS）所需的功能"对话框

（5）在"选择功能"对话框中，不做任何操作，单击"下一步"按钮。

（6）在"Web 服务器角色（IIS）"对话框中，对 Web 服务器（IIS）进行了简要介绍，单击"下一步"按钮继续，如图 7-3 所示。

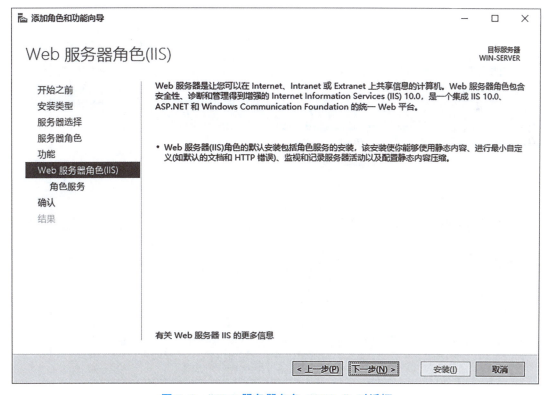

图 7-3 "Web 服务器角色（IIS）"对话框

（7）进入"选择角色服务"对话框，采用默认的选择即可，也可以根据实际情况进行选择。单击"下一步"按钮继续，如图 7-4 所示。

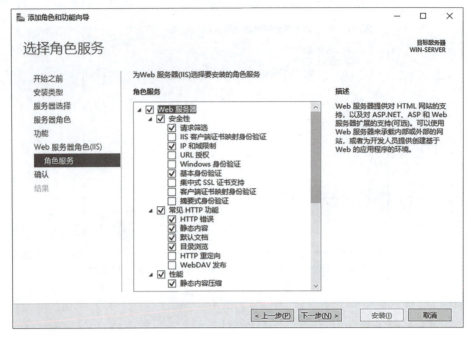

图 7-4 "选择角色服务"对话框

（8）出现"确认安装所选内容"对话框，显示 Web 服务器安装的详细信息，单击"安装"按钮，如图 7-5 所示。

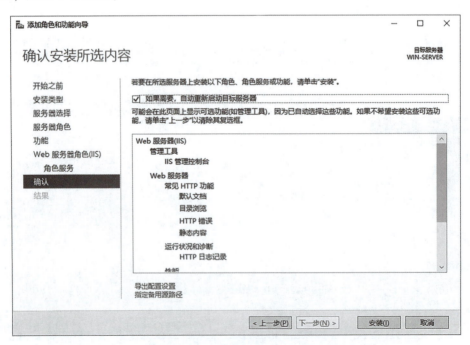

图 7-5 "确认安装所选内容"对话框

(9) 功能开始安装，直到弹出 Web 服务器安装完成的提示，单击"关闭"按钮退出添加角色向导。

(10) 测试 IIS 站点。

在 Web 服务器上的 Edge 地址栏输入 http：//127.0.0.1 或 http：//localhost 或 http：//计算机名或 http：//IP 地址，出现 IIS 主页面，表示安装成功，如图 7-6 所示。

图 7-6　默认网站首页

任务 7.2　创建 Web 站点

【任务目标】

任务拓扑如图 7-7 所示。

图 7-7　任务拓扑

(1) 在 Web 服务器上创建一个新的 Web 站点，网站的名字为 bitc2h，站点主目录为 E:\bitc2h，站点的主页文件为 index.html，域名为 www.bitc2h.com。

(2) 为上述站点创建虚拟目录，虚拟目录名字为 en，对应的实际目录为 E:\en-bitc2h。

【任务实施向导】

7.2.1 新建 Web 站点

（1）创建站点的主目录及主页文件。在 E 盘下创建一个 bitc2h 站点的文件夹，在文件夹下新建网页文件，名字为 index.html，打开后的效果如图 7-8 所示。

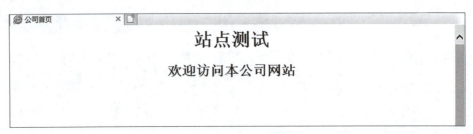

图 7-8 index.html 文件内容

（2）启动服务器管理器后，选择"工具"菜单选项，单击"IIS 管理器"超链接，启动 IIS 服务器管理器。右击"网站"，在弹出的快捷菜单中选择"添加网站"，如图 7-9 所示。

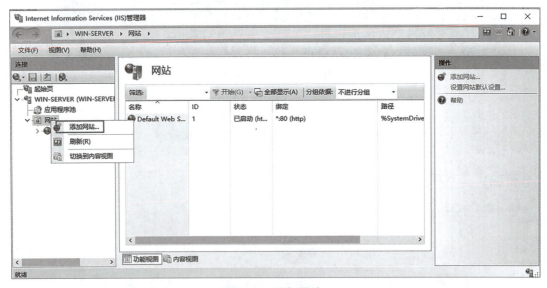

图 7-9 添加网站

（3）设置网站的名字。网站的名字是网站的标识，便于区分不同的网站。

（4）配置 Web 站点的主目录。主目录是网站的根目录，用户访问网站时，服务器先从根目录查找和调取相关网页文件。不建议将主目录放到系统盘中，可以放到其他非系统盘或其他主机上。

（5）配置 Web 站点的 IP 地址和端口。为每一个 Web 站点绑定一个固定的 IP 地址和端口号；不合适的 IP 地址及端口号的设置会导致网站之间发生地址冲突，从而导致网站不能使用。默认端口是 80，也可以根据实际情况选择一个大于 1 024 的端口。

（6）配置 Web 站点的主机名。站点的主机名，指的是网站的 FQDN，要使用域名访问网站，除了需要在 IIS 中设置主机名外，还需要在 DNS 配置主机名与 Web 站点的 IP 地址间的映射关系。此步骤可在绑定时再完成。配置完成后，如图 7-10 所示。

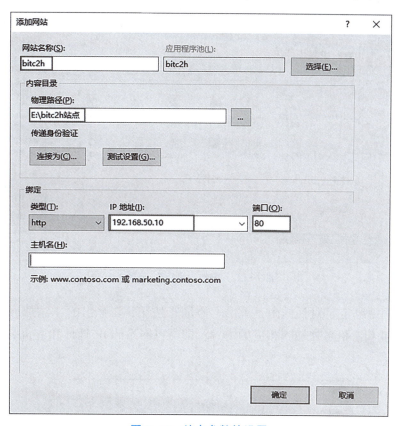

图 7-10　站点参数的设置

（7）此时，在浏览器中输入网站所在的 IP（http://192.168.50.10）即可访问，如图 7-11 所示。

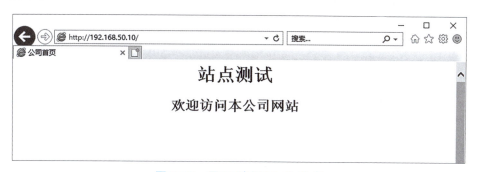

图 7-11　用 IP 访问 bitc2h 站点

7.2.2　设置 IP 与主机名绑定

网站绑定用于支持多个网站。创建网站时，需要设置绑定，现有网站也可以进一步添加、删除或修改绑定。

（1）在 IIS 管理器右侧操作栏中，单击"绑定"选项，如图 7-12 所示。

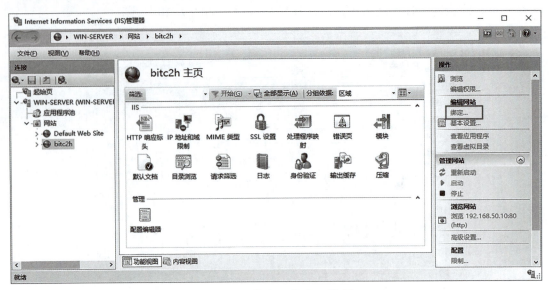

图 7-12　单击"绑定"选项

（2）在"网站绑定"对话框中，单击"添加"按钮，在弹出的"添加网站绑定"对话框中，在 IP 地址和主机名处输入相应的内容，即可将网站的 IP 地址和主机名进行绑定，如图 7-13 所示。

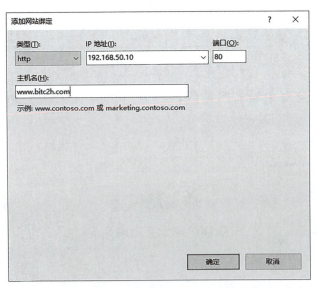

图 7-13　"添加网站绑定"对话框

（3）此时如果已经完成了域名注册，即可通过 FQDN 访问站点；如果没有进行域名注册，需要在本地的 DNS 服务器中添加 FQDN 与 IP 地址的映射，如图 7-14 所示。

（4）此时可以实现域名访问，在地址栏输入 http://www.bitc2h.com 即可访问网站，如图 7-15 所示。

图 7-14　创建主机 A 记录

图 7-15　用 FQDN 访问 bitc2h 站点

7.2.3　设置默认文档

Web 站点的默认文档实际上是网站的主页名,既可以将用户的主页命名为系统中给定的默认文档名称,也可以自定义添加到系统中。双击中间主页栏中的默认文档超链接,可以看到共有 5 个默认文档,如图 7-16 所示。如果主页名是这 5 个默认文档名的中一个,那么,访问网站时不必输入主页名即可直接访问,如果不是,则需要输入主页名进行访问。

在本任务中,因为主页名是 index.html,所以访问时未输入主页名也可访问,如果将 index.html 改名为 shouye.html,此时会出现如图 7-17 所示的错误。

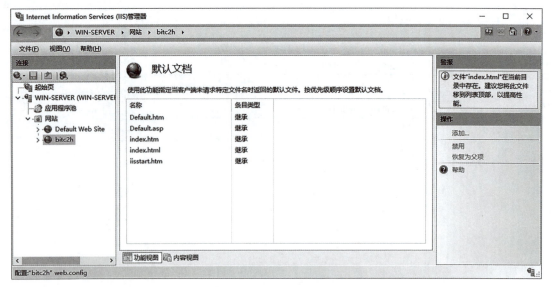

图 7-16　5 个默认文档

图 7-17　默认文档错误

此时可以在图 7-16 右侧的操作中单击"添加"选项，将 shouye.html 加入默认文档中，如图 7-18 所示，就又可以访问了。

图 7-18　添加默认文档

7.2.4　设置虚拟目录

网站的实际目录是指网站的主目录，Web 网站中的网页及其相关文件可以全部存储在网站的主目录下，也可以在主目录下建立多个子文件夹，然后按网站不同栏目或不同网页文件类型分别存放到各个子文件中。

虚拟目录是为服务器硬盘上不在主目录下的物理路径或其他主机上的目录指定一个别名。使用虚拟目录可以将数据分散保存到不同的磁盘或计算机上，便于分别开发和维护。当数据移动到其他物理位置时，不会影响 Web 站点的逻辑结构。

（1）创建虚拟目录的物理路径 E:\en-bitc2h，主页为 index.html，打开后的效果如图 7-19 所示。

图 7-19　虚拟目录 en 的主页

（2）在要设置虚拟目录的网站上右击，选择"添加虚拟目录"，如图 7-20 所示。

图 7-20　添加虚拟目录

（3）在"添加虚拟目录"对话框中，输入别名和物理路径，单击"确定"按钮即可建立别名和物理路径的对应关系。如图 7-21 所示，创建了别名为 en 的虚拟目录。

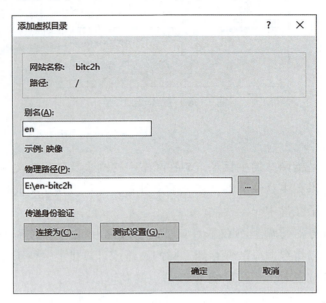

图 5-21 "添加虚拟目录"对话框

（4）可在浏览器地址栏输入 http：//FQDN/虚拟目录名称或 http：//IP 地址/虚拟目录名称来访问虚拟目录。如图 7-22 所示，输入 http：//www.bitc2h.com/en 或者 http：//192.168.50.10/en 就可以访问虚拟目录了。

图 7-22 访问虚拟目录

任务 7.3　Web 站点的安全设置

【任务目标】

（1）限制特定的 IP 192.168.50.11 不能访问站点 bitc2h。
（2）针对该站点做基本身份认证。

【知识链接】

7.3.1 基于 IP 地址和域名限制用户连接

使用"IP 地址和域限制"功能可定义和管理特定 IP 地址、IP 地址范围及一个或多个域名的允许或拒绝访问。双击主页栏中的"IP 地址和域限制功能"按钮，可打开对话框对其进行设置。如添加拒绝某个 IP 地址的 Web 访问，在右侧单击"添加拒绝条目"选项；如添加允许某个 IP 地址的 Web 访问，在右侧单击"添加允许条目"选项，如图 7-23 所示。

图 7-23　IP 地址和域限制

7.3.2 通过身份验证进行访问控制

身份认证包含匿名身份认证、基本身份认证、集成身份认证和摘要式身份认证，后两种常用在域环境中。

如果启用了匿名访问，访问站点时，不要求提供经过身份认证的用户凭据。

使用基本身份认证，用户必须输入凭据，而且访问是基于用户 ID 的。用户 ID 和密码都以明文形式在网络间进行发送。

Windows 集成身份认证比基本身份认证安全，常用在域环境中。在集成 Windows 身份认证中，浏览器尝试使用当前用户在域登录过程中使用的凭据，如果此尝试失败，就会提示该用户输入用户名和密码。

摘要式身份认证需要用户 ID 和密码，可提供中等的安全级别，如果用户要允许从公共网络访问安全信息，则可以使用这种方法。这种方法与基本身份认证提供的功能相同。在使用摘要式身份认证时，密码不是以明文形式发送的。

默认情况下，系统只安装了匿名身份验证，即访问网站内所有的内容不需要用户名及密码。但有时为了安全，身份验证后才可以访问 Web 站点。双击图 7-12 中主页栏中的"身份验证功能"按钮，可打开对话框对其进行设置，如图 7-24 所示。

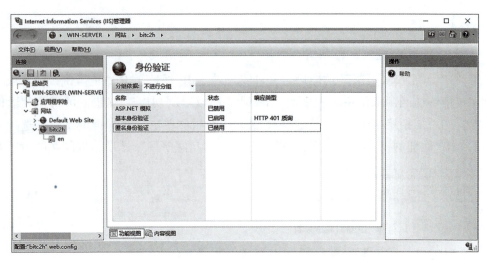

图 7-24　身份认证

注意：安装 IIS 时，默认情况下只安装匿名身份认证，如果需要其他身份验证方式，需要在图 7-4 所示的"选择角色服务"对话框中勾选相应的选项。

【任务实施向导】

7.3.3　设置基于 IP 的限制规则

（1）打开如图 7-23 所示的"IP 地址和域限制"对话框，单击右侧的"添加拒绝条目"选项。

（2）在"添加拒绝限制规则"对话框中，选中特定的 IP 地址，然后输入 192.168.50.11，单击"确定"按钮，如图 7-25 所示。

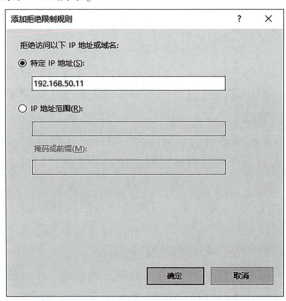

图 7-25　"添加拒绝限制规则"对话框

（3）打开 IP 地址为 192.168.50.11 的计算机，在地址栏中输入 http://www.bitc2h.com，出现如图 7-26 所示的拒绝访问提示界面。

图 7-26　拒绝访问提示

7.3.4　设置基本身份认证

打开如图 7-24 所示的"身份验证"界面，右击启用基本身份验证，再次尝试登录网站，可以发现，需要提供用户名和密码才可以访问，如图 7-27 所示。

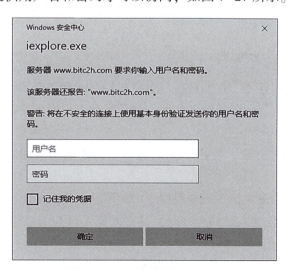

图 7-27　网站的基本身份认证

任务 7.4 虚拟主机的设置

【任务目标】

（1）基于端口号创建多个站点，具体要求见表 7-1。

表 7-1 基于端口号创建多个站点

站点名	IP 地址	端口号	主目录	访问方法
Web-80	192.168.50.10	80	E:\web\80	http://192.168.50.10
Web-8080	192.168.50.10	8080	E:\web\8080	http://192.168.50.10：8080

（2）基于 IP 地址创建多个站点，具体要求见表 7-2。

表 7-2 基于 IP 地址创建多个站点

站点名	IP 地址	端口号	主目录	访问方法
Web-IP1	192.168.50.10	80	E:\web\IP1	http://192.168.50.10
Web-IP2	192.168.50.20	80	E:\web\IP2	http://192.168.50.20

（3）基于主机名创建多个站点，具体要求见表 7-3。

表 7-3 基于主机名创建多个站点

站点名	IP 地址	主机名	主目录	访问方法
Web-old	192.168.50.10	old.bitc2h.com	E:\web\old	http://old.bitc2h.com
Web-new	192.168.50.10	new.bitc2h.com	E:\web\new	http://new.bitc2h.com

【知识链接】

7.4.1 虚拟主机的概念

虚拟主机又称虚拟服务器，是实现在一台宿主机上运行多个网站或服务的技术，可以理解为将一台服务器充当若干台服务器来使用，并且每台虚拟服务器都可拥有自己的域名、IP 地址或端口号。

实现虚拟主机有三种办法：使用不同的端口号；使用不同的 IP 地址；使用不同的主机名。

使用不同的端口号创建虚拟主机一般用于内部网站，或者基于网站开发或测试方面。优点是可在同一 IP 地址上创建大量站点；缺点是必须输入端口号才能访问站点，并且防火墙必须打开相应非标准端口号。

使用不同的 IP 地址创建虚拟主机的优点是所有网站都可以使用默认的 80 端口；缺点是每个网站都需要单独绑定一个 IP 地址。

使用不同的主机名创建虚拟主机的优点是可以在一个 IP 地址上配置多个网站，并且 Internet 上大多使用此方法，但是需要和 DNS 相结合。

【任务实施向导】

7.4.2 基于端口号创建多个站点

（1）创建第一个站点。在 IIS 管理器中新建站点，网站的名称为 web-80，物理路径为 E:\web\80，IP 地址为 192.168.50.10，端口号为默认的 80，单击"确定"按钮，如图 7-28 所示。

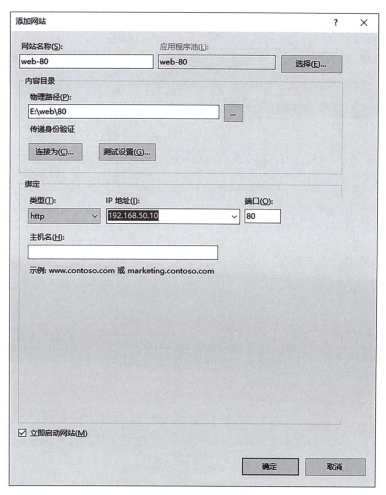

图 7-28　创建站点 web-80

（2）创建第二个站点。在 IIS 管理器中新建站点，网站的名称为 web-8080，物理路径为 E:\web\8080，IP 地址为 192.168.50.10，端口号为 8080，单击"确定"按钮，如图 7-29 所示。

（3）分别用 http://192.168.50.10 和 http://192.168.50.10:8080 访问两个站点，如图 7-30 和图 7-31 所示。

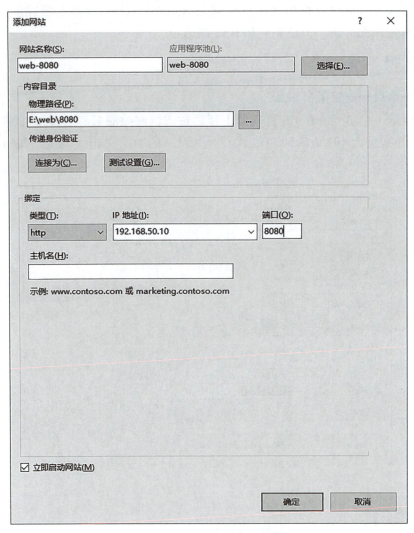

图 7-29 创建站点 web-8080

图 7-30 访问站点 web-80

任务 7　管理 WWW 和 FTP 服务器

图 7-31　访问站点 web-8080

7.4.3　基于 IP 地址创建多个站点

（1）给服务器设置第二个 IP 地址 192.168.50.20。在 TCP/IPv4 属性对话框中单击"高级"按钮，如图 7-32 所示。

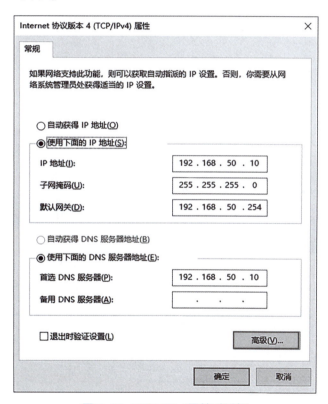

图 7-32　TCP/IPv4 属性对话框

（2）在"高级 TCP/IP 设置"对话框中，单击"添加"按钮即可为该网卡添加多个 IP 地址。设置完成后，单击"确定"按钮，如图 7-33 所示。

（3）在 IIS 管理器中新建站点，网站的名称为 web-IP1，物理路径为 E:\web\IP1，IP 地址为 192.168.50.10，单击"确定"按钮，如图 7-34 所示。

207

图 7-33 "高级 TCP/IP 设置"对话框

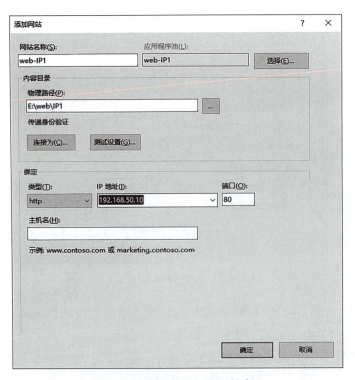

图 7-34 创建 web-IP1 站点

(4) 在 IIS 管理器中新建站点，网站的名称为 web-IP2，物理路径为 E:\web\IP2，IP 地址为 192.168.50.20，单击"确定"按钮，如图 7-35 所示。

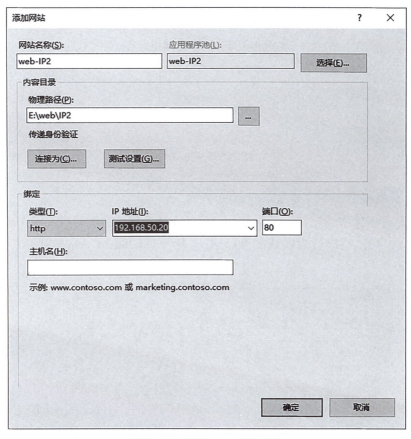

图 7-35　创建 web-IP2 站点

(5) 分别输入 http://192.168.50.10 和 http://192.168.50.20 进行两个网站的访问，如图 7-36 和图 7-37 所示。

图 7-36　访问 web-IP1 站点

图 7-37 访问 web-IP2 站点

7.4.4 基于主机名创建多个站点

（1）在 IIS 管理器中新建站点，网站的名字为 web-old，物理路径为 E:\web\old，IP 地址为 192.168.50.10，端口号为默认的 80，主机名为 old.bitc2h.com，单击"确定"按钮，如图 7-38 所示。

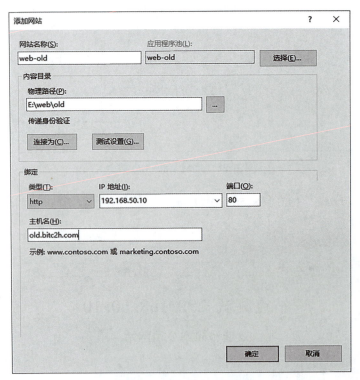

图 7-38 创建 web-old 站点

（2）在 IIS 管理器中新建站点，网站的名字为 web-new，物理路径为 E:\web\new，IP 地址为 192.168.50.10，端口号为默认的 80，主机名为 new.bitc2h.com，单击"确定"按钮，如图 7-39 所示。

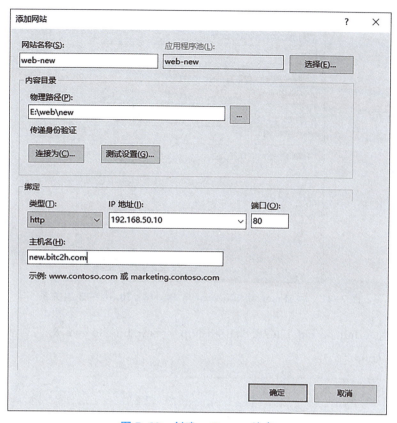

图 7-39 创建 web-new 站点

（3）打开 DNS 服务器管理器，在 bitc2h.com 区域中（如无该区域，需先创建区域）添加相应的主机 A 记录，如图 7-40 和图 7-41 所示。

图 7-40 添加 old.bitc2h.com 与 192.168.50.10 的映射关系

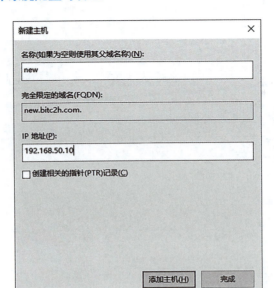

图 7-41 添加 new.bitc2h.com 与 192.168.50.10 的映射关系

（4）分别输入 http://old.bitc2h.com 和 http://new.bitc2h.com 对两个网站进行测试，如图 7-42 和图 7-43 所示。

图 7-42 访问 web-old 站点

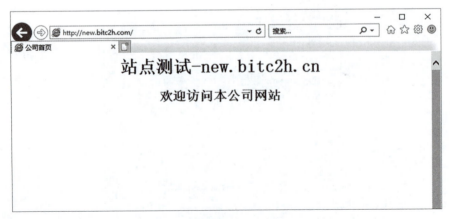

图 7-43 访问 web-new 站点

任务 7.5　管理 FTP 服务器

【任务目标】

网络拓扑如图 7-44 所示。

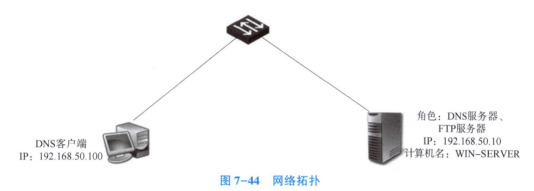

图 7-44　网络拓扑

（1）创建一个 E:\销售数据为根目录，名字为销售数据的 FTP 站点，身份认证方式为匿名身份认证，所有用户均具有上传和下载权限，站点的域名为 ftp.bitc2h.com。

（2）使用文件资源管理器和命令行访问该 FTP 站点。

（3）设置虚拟目录，名称为 2023，对应的物理路径为 E:\2023 销售数据。

【知识链接】

7.5.1　FTP 的概念

FTP（File Transfer Protocol，文件传输协议）是用来在本地计算机和远程计算机之间实现文件传输的标准协议。

FTP 的主要作用是让用户连接上一个远程计算机（即 FTP 服务器），查看远程计算机中有哪些文件，然后把文件从远程计算机上复制到本地计算机（即 FTP 的下载），或把本地计算机的文件送到远程计算机去（即 FTP 的上传），如图 7-45 所示。

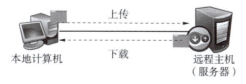

图 7-45　FTP 的上传和下载

FTP 是 TCP/IP 的一种具体应用，它工作在 OSI 模型的第七层、TCP 模型的第四层上，即应用层，传输层使用 TCP 协议进行可靠性传输。使用 FTP 可以传输所有类型的文件，如文本文件、二进制文件、图像文件、声音文件和数据压缩文件等。

FTP 分为 FTP 客户端和服务器端。客户端软件用于用户向服务器发出传输文件的请求，主要包括文件资源管理器、传统 FTP 命令行和第三方软件。服务器端软件用于接收并响应客户程序的请求，把指定的文件发送到客户端，主要包括 Windows Server 自带的 IIS 或一些专用软件等。

7.5.2　FTP 的工作原理

在进行文件传输时，FTP 的客户端和服务器之间要建立两个 TCP 连接：控制连接和数据连接。

控制连接主要传输控制数据，如 ls、get 等控制指令。控制连接由 FTP 的客户端发起，客户端向服务器的 21 号端口发起 TCP 连接，经过三次握手之后，控制连接建立，并且该连接在整个 FTP 会话过程中维持。控制连接建立的具体过程如下：

（1）FTP 客户端向服务器发起 FTP 请求连接，它动态选择一个端口号 X（X>1 024）连接服务器的 21 号端口，并打开监听端口 X+1。

（2）FTP 服务器收到客户发来的请求连接，并回复一个"OK"，同时，请客户输入用户名和密码。

（3）客户输入正确的用户名和密码，并得到服务器的确认，控制连接建立。

数据连接用于进行文件传输或者显示文件列表，每传输一个文件，都要建立一个数据连接。数据连接的端口号由控制连接进行选择。当控制连接建立成功后，FTP 客户端和服务器开始建立数据连接来传输数据，数据连接分为两种模式：主动模式（也叫 port 模式）和被动模式（也叫 pasv 模式）。

在主动模式下，用户会通过控制信道发出 PORT 指令告诉 FTP 服务器将要使用主动模式，让其连接自己的 X+1 端口来建立数据通道。当服务器接到这一指令时，服务器会主动使用 20 端口连接用户在 PORT 指令中指定的端口号 X+1，建立数据通道，进行数据传输，如图 7-46 所示。

图 7-46　主动模式

在被动模式下，客户端通过发送 PASV 指令告诉服务器自己要连接服务器的 P 端口（P>1 024），如果服务器上这个端口是空闲的，将会发送 ACK 指令给客户端，并且开启 P 端口等待连接，然后客户端发起从本地端口 X+1 到服务器的端口 P 的连接用来传送数据，如图 7-47 所示。

图 7-47　被动模式

【任务实施向导】

7.5.3　安装 FTP 服务

（1）启动服务器管理器后，选择"管理"菜单选项，单击"添加角色和功能"超链接,启动"添加角色和功能向导",单击"下一步"按钮。

(2)在"选择安装类型"对话框中,选择"基于角色或基于功能的安装",单击"下一步"按钮。

(3)在"选择目标服务器"对话框中,选择"从服务器池中选择服务器",选中要操作的服务器后,单击"下一步"按钮。

(4)进入"选择服务器角色"对话框,如果之前已经安装过IIS,直接勾选"Web服务器(IIS)"下的"FTP服务器"复选项,单击"下一步"按钮继续操作,直至完成即可,如图7-48所示。

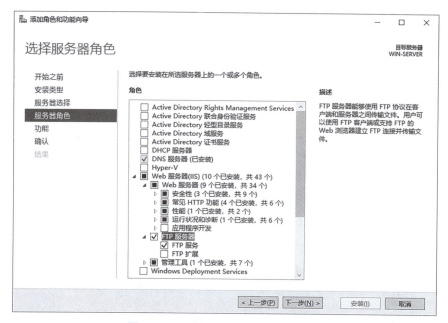

图7-48 "选择服务器角色"对话框

(5)直到出现FTP服务器安装完成的提示,单击"关闭"按钮退出添加角色向导。

(6)安装完成后,打开IIS管理器,可以看到FTP模块,如图7-49所示。

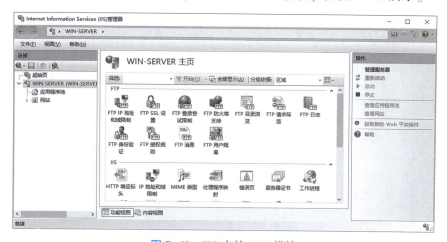

图7-49 IIS中的FTP模块

Windows Server 操作系统配置与管理

7.5.4 创建并访问 FTP 站点

（1）启动服务器管理器后，选择"工具"菜单选项，单击"IIS 管理器"超链接，启动 IIS 服务器管理器。右击"网站"，在弹出的快捷菜单中选择"添加 FTP 站点"，如图 7-50 所示。

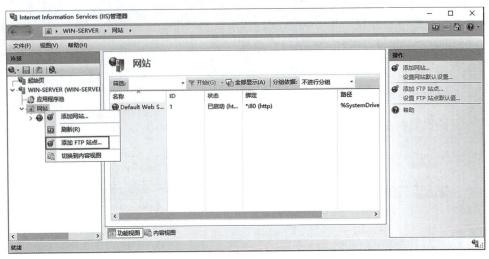

图 7-50 添加 FTP 站点

（2）设置 FTP 站点的名称和根目录。用户访问 FTP 网站实际上就是访问根目录的内容。在"站点信息"对话框中，输入 FTP 站点名称"销售数据"和物理路径"E:\销售数据"，单击"下一步"按钮，如图 7-51 所示。

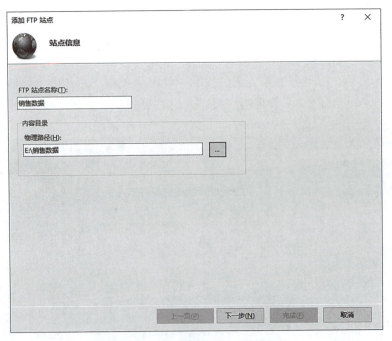

图 7-51 "站点信息"对话框

(3)配置 FTP 站点的 IP 地址和端口。为每一个 FTP 站点绑定一个固定的 IP 地址和端口号。在"绑定和 SSL 设置"对话框中,输入 FTP 站点所在的 IP 地址 192.168.50.10,然后选中"无 SSL",单击"下一步"按钮,如图 7-52 所示。

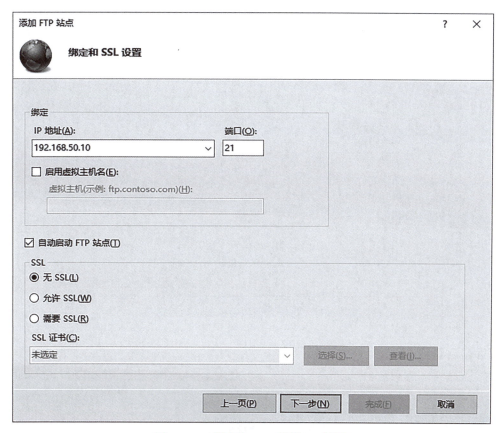

图 7-52 "绑定和 SSL 设置"对话框

(4)配置身份验证方式。身份验证方式分为匿名和基本身份认证两种。选择"匿名",访问时不需要输入用户名和密码,"基本"身份认证需要输入用户名和密码才能访问到站点,这里勾选"匿名",如图 7-53 所示。

(5)设置指定用户访问。根据需要,可以选择所有用户、匿名用户、指定角色或用户组、指定用户允许访问,这里选择"所有用户",如图 7-53 所示。

(6)设置权限。根据需要,可以设置指定用户对 FTP 站点的读取或写入权限。读取指的是下载权限,写入指的是上传权限。这里勾选"读取"和"写入",如图 7-53 所示。设置完成后,单击"完成"按钮,FTP 站点即可创建成功。

(7)查看 FTP 站点。完成后,打开 IIS 管理器,即可看到创建好的 FTP 站点,如图 7-54 所示。

Windows Server 操作系统配置与管理

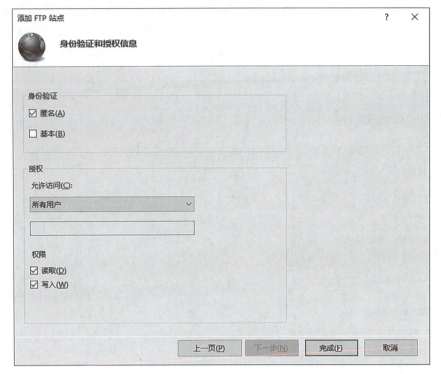

图 7-53 "身份验证和授权信息"对话框

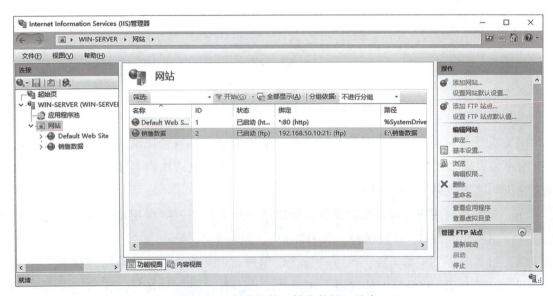

图 7-54 创建好的"销售数据"站点

7.5.5 访问 FTP 站点

方法 1：打开文件资源管理器，在地址栏中输入站点的 IP 地址，即可访问 FTP 站点，如图 7-55 所示。

图 7-55 用文件资源管理器访问 FTP 站点

方法 2：使用命令行进行访问。输入 ftp IP 地址，提示输入用户名和密码。匿名访问验证时，用户名输入 anonymous，密码为空，按 Enter 键后即可连接到 FTP 站点。输入 ls 命令，即可看到 FTP 站点内的内容，如图 7-56 所示。

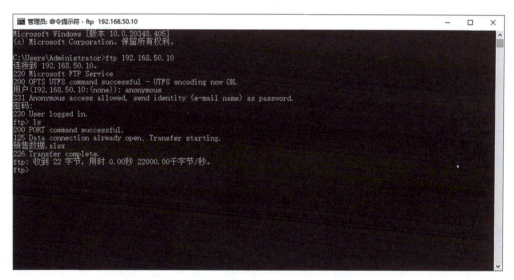

图 7-56 用命令行访问 FTP 站点

7.5.6 设置根目录

（1）单击所要设置根目录的站点，在 IIS 管理器右侧操作栏中，单击"基本设置"选项，如图 7-57 所示。

（2）在打开的"编辑网站"对话框中，单击"…"按钮，可设置站点的根目录，也就是物理路径，如图 7-58 所示。

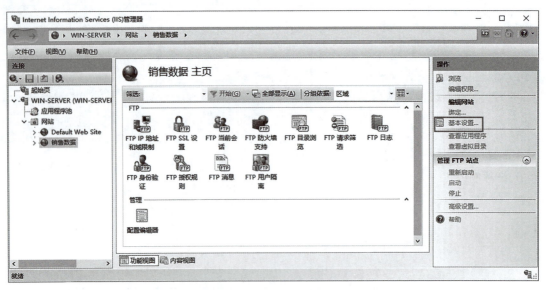

图 7-57　网站的基本设置

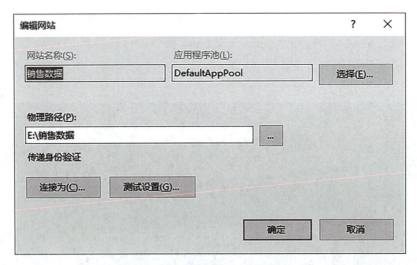

图 7-58　"编辑网站"对话框

7.5.7　站点绑定

（1）站点绑定用于将 IP 和主机名进行绑定。在 IIS 管理器右侧操作栏中，单击"绑定"选项。

（2）在弹出的"网站绑定"对话框中，选中要设置绑定的站点，单击"添加"按钮，在弹出的对话框中即可将网站的 IP 地址和主机名进行绑定，如图 7-59 所示。

（3）在 DNS 服务器中，设置相应的主机 A 记录，如图 7-60 所示。

（4）通过 FQDN 进行站点的访问。在浏览器中输入 ftp://ftp.bitc2h.com，即可访问站点，如图 7-61 所示。

任务7　管理 WWW 和 FTP 服务器

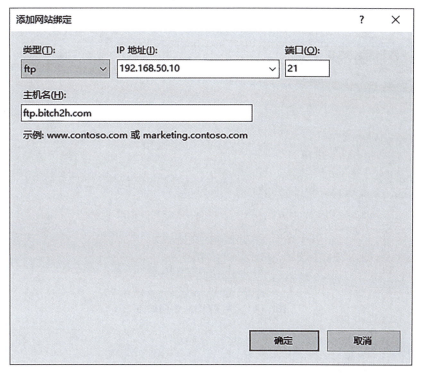

图 7-59　"添加网站绑定"对话框

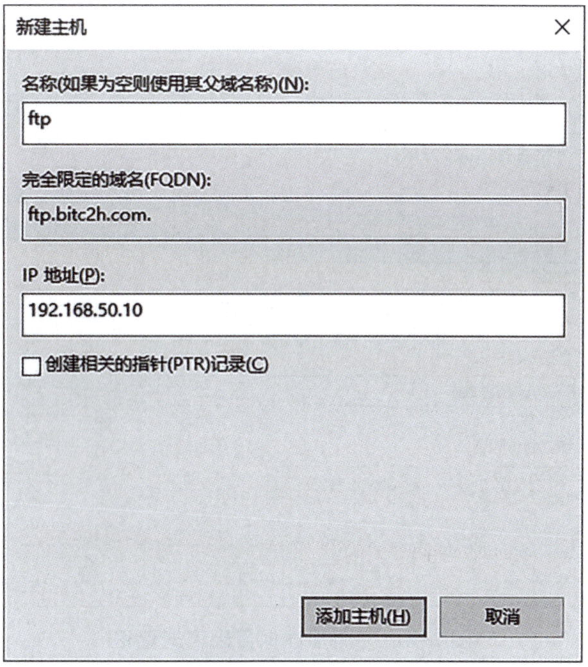

图 7-60　设置主机 A 记录

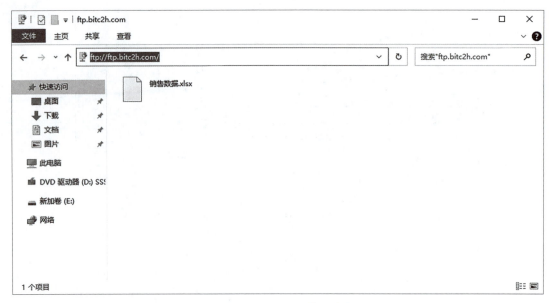

图 7-61 用 FQDN 访问站点

7.5.8 设置虚拟目录

（1）在要设置虚拟目录的站点"销售数据"上右击，选择"添加虚拟目录"。

（2）在弹出的"添加虚拟目录"对话框中，输入别名"2023"和物理路径"E:\2023销售数据"，单击"确定"按钮即可建立别名和物理路径的对应关系，如图 7-62 所示。

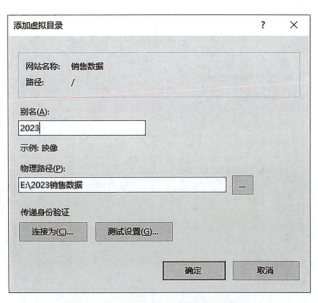

图 7-62 "添加虚拟目录"对话框

（3）访问虚拟目录。在浏览器地址栏输入 ftp://FQDN/虚拟目录名称或 ftp://IP 地址/虚拟目录名称即可访问虚拟目录。如图 7-63 所示，输入 ftp://ftp.bitc2h.com/2023。

图 7-63 访问虚拟目录

任务 7.6　FTP 站点的安全设置

【任务目标】

（1）设置 FTP 的身份认证方式为基本身份认证。

（2）设置授权规则，销售部用户对任务 7.5 中的 FTP 站点只有下载权限，其他用户没有权限。

（3）为用户销售部-user1 和销售部-user2 设置用户隔离，并且禁用全局虚拟目录。

【任务实施向导】

7.6.1　设置身份认证

FTP 的身份认证包括匿名身份认证和基本身份认证，如果启用了匿名身份认证，访问站点时，不要求提供经过身份认证的用户凭据；如果使用了基本身份认证，用户必须输入凭据。

（1）在主页中双击 FTP 身份认证，打开 FTP 身份认证设置界面。

（2）在"匿名身份验证"处右击，选择"禁用"；在"基本身份验证"处右击，选择"启用"。设置好后如图 7-64 所示。

（3）启用基本身份验证后，再次尝试登录，可以发现，需要提供用户名和密码才可以访问，如图 7-65 所示。

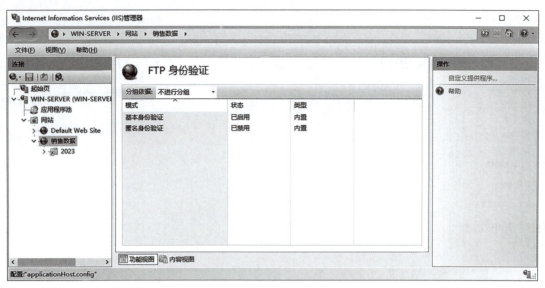

图 7-64 设置 FTP 身份认证

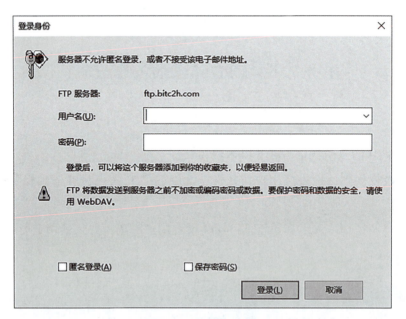

图 7-65 登录身份认证

7.6.2 设置授权规则

授权规则可以对指定用户设置指定权限。

（1）在主页中双击"FTP 授权规则"模块，如图 7-66 所示，打开 FTP 授权规则设置界面。

（2）在"编辑允许授权规则"对话框中，在"允许访问此内容"中选择"指定的角色或用户组"，并在下方文本框中输入"销售部"，权限处勾选"读取"，单击"确定"按钮，如图 7-67 所示。

任务 7　管理 WWW 和 FTP 服务器

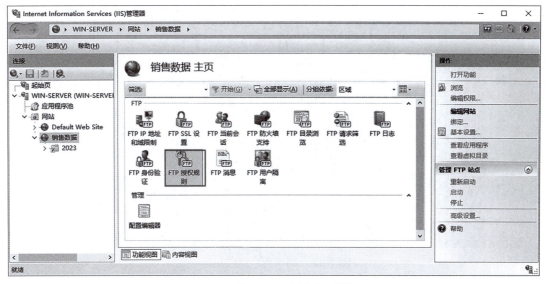

图 7-66　打开 FTP 授权规则界面

图 7-67　"编辑允许授权规则"对话框

（3）测试。使用销售组的用户登录后，用 get 命令进行下载，提示成功；用 put 命令进行上传，提示失败，如图 7-68 所示。

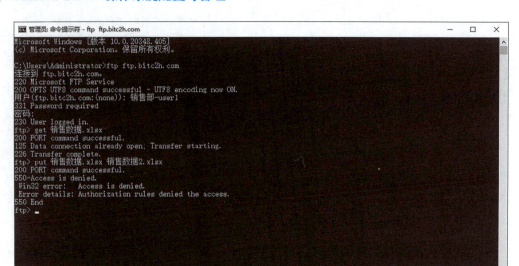

图 7-68　测试用户授权规则

7.6.3　设置用户隔离

用户隔离可以实现不同的用户仅能进入自己特定的目录下，无法进入主目录和其他用户的目录。双击中间主页栏中的"FTP 用户隔离"功能按钮，可打开对话框对其进行设置。如给销售部用户在 FTP 下设置其自己的目录，并且用户只可进入自己的目录。

(1) 在 FTP 主目录"E:\销售数据"下建立名为 localuser 的文件夹，并在 localuser 文件夹下面建立与用户名同名的文件夹"销售部-user1"和"销售部-user2"，如图 7-69 所示。

图 7-69　按格式创建文件夹

(2) 打开"FTP 用户隔离"设置界面，选择隔离用户下的"用户名目录（禁用全局虚拟目录）"，如图 7-70 所示。

任务 7　管理 WWW 和 FTP 服务器

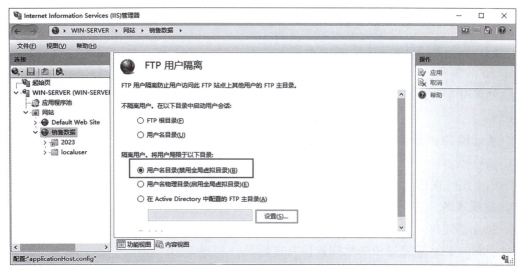

图 7-70　设置用户隔离

图 7-70 中各个选项的用户含义如下。

不隔离用户，在以下目录中启用用户会话：

FTP 根目录：不隔离用户，用户直被定位在根目录。

用户名目录：不隔离用户，用户被定位在自己的目录下。

隔离用户，将用户局限于以下目录：

用户名目录（禁用全局虚拟目录）：隔离用户，用户只能访问自己的目录。

用户名物理目录（启用全局虚拟目录）：隔离用户，用户能访问自己的目录，还可以访问公共的虚拟目录。

（3）分别以销售部-user1、销售部-user2 登录 FTP，可以发现他们只能进入自己的目录中，如图 7-71 所示。

图 7-71　用户隔离的测试

227

【知识测试】

1. FTP 服务默认的控制端口是（　　）。
A. 80 B. 21 C. 8 080 D. 2 121

2. 如果没有特殊声明，匿名 FTP 服务登录账号为（　　）。
A. user B. anonymous C. guest D. administrator

3. 从远程 FTP 服务器下载文件的命令是（　　）。
A. get B. put C. mkdir D. ls

4. 每个用户在访问 FTP 站点时，被限制在自己的用户名目录中，则需要配置（　　）。
A. 授权规则　　　　　　　　　　　B. IP 及域限制
C. 网站绑定　　　　　　　　　　　D. 用户隔离

5. 下图的 FTP 连接显示的数据连接方式是（　　）。

A. 主动连接 B. 被动连接 C. 控制连接 D. 数据连接

6. 用户将自己计算机的文件资源复制到 FTP 服务器上的过程，称为（　　）。
A. 上传 B. 下载 C. 共享 D. 打印

实训项目　搭建 Web 和 FTP 服务器

一、实训目的

（1）掌握基本的 Web 站点的创建及其安全配置方法。
（2）掌握虚拟主机的创建方法。
（3）掌握 FTP 站点的创建及其安全配置方法。

二、实训背景

公司在 Windows Server 2022 上搭建 WWW 和 FTP 服务器用于对内发布网站和对内进行文件传输，服务器的 IP 地址为 192.168.学号.10。

三、实训要求

注意事项：

xxx 是名字拼音的首字母缩写，例如：张三丰，缩写为 zsf。

（1）公司先在其 Web 服务器上发布公司门户网站，供企业内网上的客户访问，基本的配置参数如下。

①站点的名称为 xxx，IP 地址为 Web 服务器本机地址，端口号为默认的 80。

②站点主目录为 C:\xxx01。

③默认主页为 xxx01.html，主页内容为"欢迎访问 xxx 的网站"。

④请你在 IIS 中发布此站点,并用 IP 进行测试。

⑤使用 www.xxx.edu.cn 进行站点访问测试。

⑥对站点进行安全性设置:①设置身份认证方式为基本身份认证。②设置 IP 及域限制,限制客户端 IP 访问 Web 站点,并测试。

⑦在 www.xxx.edu.cn 中添加一个虚拟目录为 music,虚拟目录的主页 xxx-music.html 的内容为"欢迎访问 xxx-music 网站!"。该虚拟目录对应的物理路径为 E:\web\xxx-music,在客户端进行测试。

(2)在 IIS 中再创建两个 Web 网站,其配置如下:

网站域名	网站名	IP 地址	端口号	主目录	主页名
New.xxx.com	Xxx02	192.168.学号.10	80	E:\xxx2	Xxx2.html
Old.xxx.com	Xxx03	192.168.学号.10	80	E:\xxx3	Xxx3.html

要求:在客户端分别用域名登录这两个网站,并且不用输入主页名就可以访问。

(3)在公司的 FTP 服务器上创建一个匿名登录的 FTP 站点,用来发布技术支持文档。

①站点的名称为 bitc2h-01,主目录为 E:\ftp01,该目录下有一个文件 ftp01.txt。

②该站点使用默认的端口号 21。

③仅支持资料的下载。

④这个站点的标题是:技术支持 ftp by xxx。

⑤登录到该站点后的欢迎信息是:欢迎访问 BITC2H 公司的技术支持 ftp by xxx。

⑥退出该站点后的显示信息是:期待下次光临。

⑦用 IP 地址测试该站点。

(4)在公司的 FTP 服务器上,创建一个非匿名登录的 FTP 站点,要求如下:

①站点名称为 bitc2h-02,主目录为 E:\ftp02,该目录下有一个文件 ftp02.txt。

②该站点使默认端口号为 2120,IP 地址为 192.168.学号.10。

③只允许经理上传和下载,该用户的用户名为 JL,密码为 123,abc。

④该站点的域名为 manager.xxx.com。

⑤拒绝客户机(192.168.学号.200)访问该 FTP 站点。

(5)在公司的 FTP 服务器上,创建一个匿名登录的 FTP 站点,要求如下:

①创建用户隔离的 FTP 站点。

②站点名称为 bitc2h-04。

③该站点使用端口号为 2122,主目录为 E:\ftp04。

④销售部的用户 XS1 和 XS2 只能访问到自己的主目录,XS1 下存放 xxx01.txt 文档,XS2 下存放 xxx02.txt 文档。

⑤该站点的域名为 sales.xxx.com。

任务 8

管理 DHCP 服务器

任务背景

随着公司的发展壮大，公司员工逐渐增多，最初，管理员为员工的计算机配置了固定的 IP 地址。随着公司业务的发展，很多人使用笔记本电脑办公，因此经常出现 IP 地址冲突的问题。手工配置 IP 地址太不方便了，需要对公司的计算机进行 IP 地址的自动分配。

知识目标

（1）了解 IP 地址的两种分配方法；自动分配 IP 地址的优点。

（2）掌握 DHCP 服务的工作过程。

能力目标

（1）掌握安装、配置 DHCP 服务器的方法和步骤，以及配置 DHCP 客户机的方法步骤。

（2）能构建完整的 DHCP 服务器、地址池、排除地址等。

（3）能够配置 DHCP 中继代理。

素质目标

（1）培养学生自主学习能力和创新能力。

（2）培养学生排错能力。

任务 8.1 安装 DHCP 服务

【任务目标】

任务拓扑如图 8-1 所示。

图 8-1 任务拓扑

【知识链接】

8.1.1 静态 IP 地址和动态 IP 地址

计算机 IP 地址的获取方法分为两种：手工分配和动态分配。由网络管理员在每一台计算机上手工设置的 IP 地址称为静态 IP 地址，如图 8-2 所示。计算机在开机时自动获取的 IP 地址称为动态 IP 地址，如图 8-3 所示。

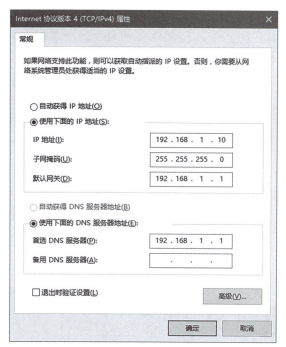

图 8-2 静态 IP 地址

图 8-3 动态 IP 地址

静态 IP 地址是由系统管理员在每一台计算机上手工设置的一个固定的 IP 地址。这种 IP 地址适合用于较小的网络，或者是需要固定 IP 地址的服务器，比如域控制器、DNS 服务器、Web 服务器、FTP 服务器等。动态 IP 地址指的是计算机在开机时自动获取的地址，这种 IP 地址适用于中大型的网络或者是无线网络等。

静态 IP 地址需要管理员对每一台计算机进行手工输入。由于是手工输入，所以，在输入的时候，可能会输入错误的 IP 地址或者是重复的 IP 地址；而动态 IP 地址是自动分配的，在动态分配的时候，不会出现输入错误或者是重复 IP 的情况。

对于管理员来讲，进行静态 IP 地址分配的负担较大，因为需要对每一台电脑分别进行配置。而动态 IP 地址分配工作量较少，不需要在每一台计算机上进行操作。现在办公大都使用笔记本，当有大量的工作电脑需要在不同的网段之间移动的时候，动态 IP 地址方式更省时省力。

静态地址分配方法存在 IP 地址浪费的问题，不管用户是否在使用电脑，被分配的这个 IP 地址始终被占用；而动态地址的分配方法降低了 IP 地址的浪费。所以，动态地址分配方法有一定的优势。

8.1.2 DHCP 服务的功能

DHCP（Dynamic Host Configuration Protocol，动态主机配置协议）负责为计算机动态分配 TCP/IP 信息，如 IP 地址、子网掩码、默认网关、首选 DNS 服务器等。DHCP 能够动态地向网络中每台设备分配独一无二的 IP 地址，确保不发生地址冲突，帮助用户维护 IP 地址的使用。

需要被分配 IP 地址的计算机称为 DHCP 客户端（DHCP Client）。而负责给 DHCP 客户端分配 IP 地址的计算机称为 DHCP 服务器。DHCP 的工作过程就是客户端发送请求到获取到 IP 地址的过程。

8.1.3 DHCP 的工作过程

DHCP 的工作过程分为 4 个阶段：DHCP DISCOVER（IP 租约的发现阶段）、DHCP OFFER（IP 租约的提供阶段）、DHCP REQUEST（IP 租约的选择阶段）、DHCP ACK（IP 租约的确认阶段），如图 8-4 所示。

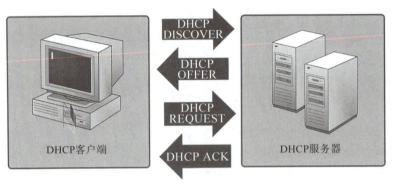

图 8-4 DHCP 工作的四个阶段

客户端向服务器发送 IP 请求，这个阶段为 DHCP DISCOVER；服务器收到请求后，向客户端发送一个响应，表示自己能够提供 IP，这个阶段为 DHCP OFFER；客户端收到响应后，向欲使用其提供的 IP 地址的服务器发送请求，表示请求使用其提供的 IP 地址，这个阶段为 DHCP REQUEST；最后服务器确认租约，这个阶段为 DHCP ACK。

整个工作过程类似于学员报学习班，学员发布要学习某门课程的信息，各个培训机构收到信息后，向学员表示自己可以提供此门课程的培训，学员经比较后选择一家报名，并与培训机构签订合同。

DHCP DISCOVER 阶段：即 DHCP 客户端寻找 DHCP 服务端的过程，对应于客户端发送 DHCP DISCOVER 数据包，因为 DHCP 服务器对于 DHCP 客户端是未知的，所以 DHCP 客户端发出的 DHCP DISCOVER 报文是广播包，目的 IP 地址为广播地址 255.255.255.255，目的 MAC 为 FF-FF-FF-FF-FF-FF，并且由于 DHCP 客户机第一次接入网络中，因为客户机上是没有 IP 信息地址的，所以数据包源地址设定为 0.0.0.0，源 MAC 设为客户机自身的 MAC 地址。并且附上 DHCP DISCOVER 数据包的其他信息，在网络中进行广播（类似于学员向多个培训机构发送"想报名某门课程"的消息)。网络上所有支持 TCP/IP 的主机都会收到该 DHCP DISCOVER 报文,但是只有 DHCP 服务器会响应该报文,客户端不会响应,如图 8-5 所示。

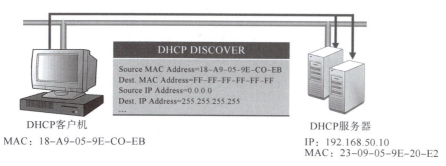

图 8-5 DHCP DISCOVER 阶段

DHCP OFFER 阶段:即 DHCP 服务器响应客户机所发的 DHCP DISCOVER 阶段。DHCP 服务器收到 DHCP DISCOVER 报文后,解析该报文请求 IP 地址所属的子网,并从那些还没有租出去的地址中选择最前面的空置 IP,连同其他 TCP/IP 信息,响应给客户机一个 DHCP OFFER 数据包,告诉客户机可以使用其提供的地址信息。此时还是使用广播进行通信。由于客户机还是没有 IP 地址,所以目的 IP 和目的 MAC 依然是广播地址,源 IP 地址为 DHCP 服务器的 IP 地址,源 MAC 为 DHCP 服务器的 MAC(类似于培训机构收到了学员想报名某门课程的信息,回应可以提供培训,并将培训内容的相关信息一起发给学员),如图 8-6 所示。

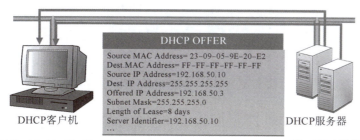

图 8-6 DHCP OFFER 阶段

DHCP REQUEST 阶段:如果客户机收到网络上多台 DHCP 服务器的响应,会挑选其中一个 DHCP OFFER(一般是最先到达的那个),并且会向网络发送一个 DHCP REQUEST 广播数据包(包中包含客户端的 MAC 地址、接受的租约中的 IP 地址、提供此租约的 DHCP 服务器地址等),告诉所有 DHCP SERVER 它将接受哪一台服务器提供的 IP 地址,当其他 DHCP 服务器收到客户端广播的 DPCP OFFER 包后,会释放已经 OFFER 给客户端的 IP 地址、此时,由于还没有得到 DHCP 服务器的最后确认,客户端仍然使用 0.0.0.0 为源 IP 地址、255.255.255.255 为目标地址进行广播(类似于学员收到各个培训机构发布的培训信息后,从中选择符合自己要求的培训,并向相应的培训机构发送消息"我准备报名您的课程",同时告诉其他机构"我已选择了某个报名机构"),如图 8-7 所示。

图 8-7　DHCP REQUEST 阶段

DHCP ACK 阶段:当 DHCP 服务器接收到客户机的 DHCP REQUEST 之后,会广播返回给客户机一个 DHCP ACK 消息包,表明已经接受客户机的选择,并将这个 IP 地址的合法租用以及其他的配置信息都放入该广播包发给客户机。客户端接收到 DHCP ACK 包后,客户端会使用服务器分配的 IP 地址和配置参数。即客户端租用 IP 地址(类似于培训机构收到学员发的"我准备报名您的课程"消息后,并与学员签订相应的学习合同。内容包括学习费用、学习时间等信息),如图 8-8 所示。

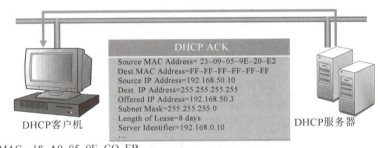

图 8-8　DHCP ACK 阶段

默认 DHCP DISCOVER 的等待时间预设为 1 秒,也就是当客户机将第一个 DHCP DISCOVER 数据包发送出去之后,在 1 秒之内没有得到回应的话,就会进行第二次 DHCP DISCOVER 广播。若一直没有得到回应,客户机会将这一广播包重新发送四次。如果都没有得到 DHCP 服务器的回应,客户机会从 169.254.0.0/16 这个自动保留的私有 IP 地址中选用一个 IP 地址。

所以,如果电脑中出现了以 169 开头的这个私有 IP,有两种可能:

(1)在动态获取 IP 地址的时候没有联系上 DHCP 服务器。

(2)在静态配置 IP 地址时配置了重复的 IP 地址。

8.1.4　DHCP 租约更新

DHCP 租约更新是指每个被 DHCP 服务器分配的 IP 地址都会有一个生命周期,期满后服务器会收回该 IP 地址。

DHCP 客户端使用 IP 地址的时间到达其生命周期的一半时,会向 DHCP 服务器发送

DHCP REQUEST 包来更新 IP 地址的租约时间，DHCP 服务器收到 DHCP REQUEST 包后，在确认 IP 地址有效的情况下，会向客户端发送 DHCP ACK 包来更新 IP 地址的租期。如果没有收到该服务器的回复，则客户机继续使用现有的 IP 地址，因为当前租期还有 50%。

如果在租期过去 50% 的时候没有更新，则客户机将在租期过去 87.5% 的时候再次与为其提供 IP 地址的 DHCP 服务器联系。如果还不成功，到租约的 100% 时候，客户机必须放弃这个 IP 地址，重新申请。如果此时无 DHCP 可用，客户机会使用 169.254.0.0/16 中随机的一个地址，并且每隔 5 分钟再进行尝试。

8.1.5 安装 DHCP 服务

（1）启动服务器管理器后，选择"管理"菜单选项，单击"添加角色和功能"超链接，启动"添加角色和功能向导"，单击"下一步"按钮。

（2）在"选择安装类型"对话框中，选择"基于角色或基于功能的安装"，单击"下一步"按钮。

（3）在"选择目标服务器"对话框中，选择"从服务器池中选择服务器"，选中要操作的服务器后，单击"下一步"按钮。

（4）进入"选择服务器角色"对话框，勾选"DHCP 服务器"复选项，如图 8-9 所示。出现"添加 DHCP 服务器所需功能"对话框，单击"添加功能"按钮，然后在"选择服务器角色"对话框中单击"下一步"按钮继续操作。

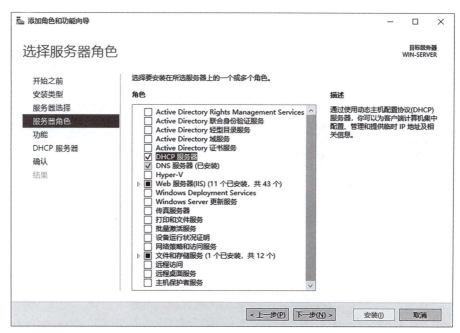

图 8-9 "选择服务器角色"对话框

（5）在"选择功能"对话框中，不做任何操作，单击"下一步"按钮。

（6）出现"DHCP 服务器"对话框，显示 DHCP 服务器安装的注意事项，单击"下一步"按钮，如图 8-10 所示。

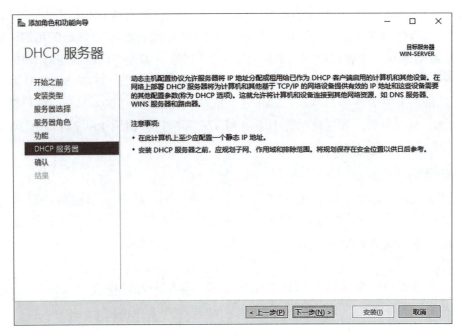

图 8-10 "DHCP 服务器"对话框

(7) 在"确认安装所选内容"对话框中,显示 DHCP 服务器安装的详细信息,单击"安装"按钮,如图 8-11 所示。

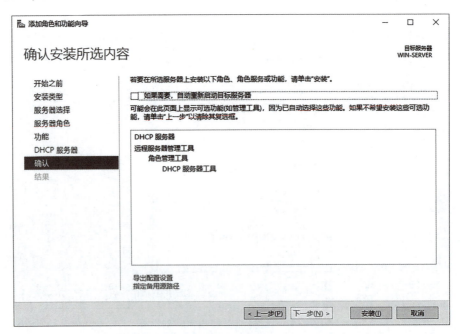

图 8-11 "确认安装所选内容"对话框

(8) 角色开始安装,直到 DHCP 服务器安装完成的提示,单击"关闭"按钮退出添加角色向导。

任务 8.2 配置 DHCP 服务器

【任务目标】

（1）参考拓扑图 8-1，在 DHCP 服务器上配置作用域，为销售部服务器 WIN-SERVER2 分配 IP 地址。其中，作用域的名称为"销售部"，IP 地址范围是 192.168.50.1~192.168.50.254，将 192.168.50.1~192.168.50.2 及 192.168.50.10 排除掉，分配给客户机的子网掩码是 255.255.255.0，DNS 是 192.168.50.10 及 114.114.114.114，网关是 192.168.50.2，WINS 是 192.168.50.10。

（2）在 WIN-SERVER2 上做测试。

（3）为销售部-PC1 创建保留，保留的名称为销售部-PC1，保留的 IP 地址为 192.168.50.50。

（4）为以上的保留创建其他的 TCP/IP 参数，将其 DNS 设置为 8.8.8.8。

【知识目标】

8.2.1 作用域的概念

DHCP 作用域是 DHCP 服务器的基本管理单位，它定义了本地逻辑子网中可以使用的 IP 地址的集合，即一个可分配的 IP 地址范围。当客户端请求 IP 地址时，DHCP 服务器会从这个范围中选择一个尚未被分配的 IP 地址给客户端。DHCP 服务器通过配置作用域来定义分配给客户端的 IP 地址和其他的 TCP/IP 参数。因此，必须创建作用域才能让 DHCP 服务器分配 IP 地址给 DHCP 客户端。

DHCP 服务器中可以定义多个作用域。DHCP 服务器会根据接收到 DHCP 客户端请求的网络接口来决定哪个 DHCP 作用域为 DHCP 客户端分配 IP 地址租约。将 DHCP 服务器接收到客户端请求的那个网络接口的 IP 地址和 DHCP 作用域中设置的子网掩码相与后，得到的网络 ID 如果和 DHCP 作用域中设置的网络 ID 一致，则使用此 DHCP 作用域来为 DHCP 客户端分配 IP 地址租约；如果没有匹配的 DHCP 作用域，则不对 DHCP 客户端的租约请求进行应答。

如果在 DHCP 服务器上定义了多个作用域，而 DHCP 客户端和 DHCP 服务端不在同一物理或逻辑子网内，那么它们就不在同一个广播域内，DHCP 服务端就不能收到 DHCP 客户端发送的 DHCP DISCOVER，此时可以采用 DHCP 中继代理的方式来进行报文的转发。那么 DHCP 服务器会通过检查 DHCP 客户端请求消息中的网关 IP 地址来判断是否有对应的 DHCP 的作用域，从而判断是否可以为来自不同子网的客户端提供 IP 地址等信息。

8.2.2 保留的概念

所谓 IP 地址保留，是指 DHCP 服务器可以确保某个特定的 IP 地址总是会分配给指定的客户机。DHCP 服务器中的 IP 地址保留设置的作用是使特殊计算机需要获得相同的 IP 地址时，将特定的 IP 地址与 DHCP 客户端进行绑定，使该 DHCP 客户端每次向 DHCP 服务器请求时，都会获得同一个 IP 地址。设置保留的时候，需要知道 DHCP 客户端的 MAC 地址，从而实现 MAC 地址与特定 IP 地址的绑定。

8.2.3　ipconfig 命令

ipconfig 命令用于显示所有当前的 TCP/IP 网络配置值，并刷新动态主机配置协议（DHCP）和域名系统（DNS）设置。在不使用参数的情况下，ipconfig 命令可以显示 IP 地址、子网掩码以及默认网关。

ipconfig /all 可以显示所有适配器的完整 TCP/IP 配置信息；ipconfig /release 向 DHCP 服务器发送 DHCP RELEASE 消息，以释放当前 TCP/IP 配置；ipconfig /renew 用于向服务器刷新请求。

【任务实施向导】

8.2.4　创建作用域 DHCP 作用域

（1）如图 8-12 所示，右击左侧的服务器名称下的"IPv4"选项，选择"新建作用域"，出现新建作用域向导后，单击"下一步"按钮。

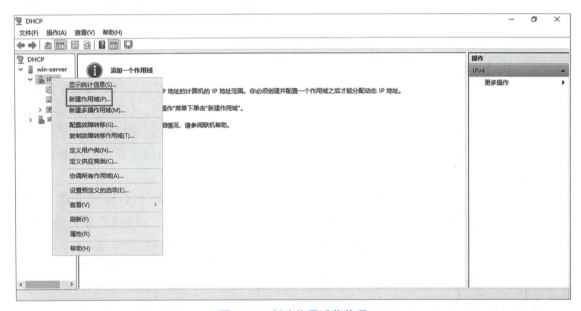

图 8-12　新建作用域菜单项

（2）在"作用域名称"对话框中输入"销售部"，并且添加描述"用于给销售部动态分配 IP 地址"，输入完成后，单击"下一步"按钮，如图 8-13 所示。

（3）在"IP 地址范围"对话框中输入可用于分配的 IP 地址的起始地址和结束地址 192.168.50.1~192.168.50.254，并设置分配给客户端的子网掩码 255.255.255.0，单击"下一步"按钮，如图 8-14 所示。

（4）在"添加排除和延迟"对话框中，输入要排除掉的 IP 地址的范围，如网关的地址、保留地址等，输入完成后，单击"添加"按钮，要排除的地址就会出现在排除的地址范围列表中。单击"下一步"按钮，如图 8-15 所示。

图 8-13 "作用域名称"对话框

图 8-14 "IP 地址范围"对话框

(5) 在"租用期限"对话框中输入租期,默认是 8 天。单击"下一步"按钮,如图 8-16 所示。

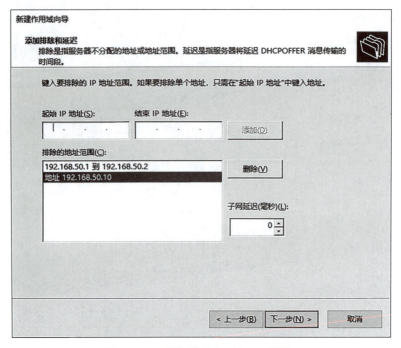

图 8-15 "添加排除和延迟"对话框

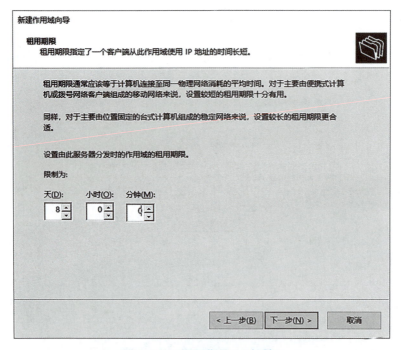

图 8-16 "租用期限"对话框

(6) 在"配置 DHCP 选项"对话框中,选择"是,我想现在配置这些选项",也可以根据需要选择以后再配置这些选项,如图 8-17 所示。

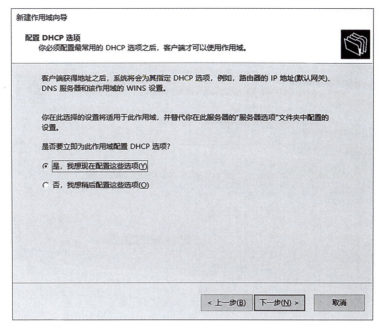

图 8-17 "配置 DHCP 选项"对话框

（7）在"路由器（默认网关）"对话框中，在 IP 地址处输入要分配给客户端的网关地址 192.168.50.2，输入完成后，单击"添加"按钮。单击"下一步"按钮，如图 8-18 所示。

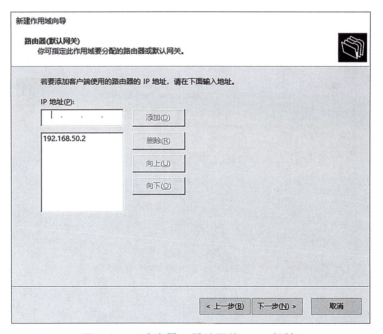

图 8-18 "路由器（默认网关）"对话框

（8）在"域名称和 DNS 服务器"对话框中，在 IP 地址处输入要分配给客户端的 DNS

的地址 192.168.50.10 及 114.114.114.114，输入完成后，单击"添加"按钮。单击"下一步"按钮，如图 8-19 所示。

图 8-19 "域名称和 DNS 服务器"对话框

（9）在"WINS 服务器"对话框中，在 IP 地址处输入要分配给客户端的 WINS 的地址，如果没有，可以直接跳过这一步，输入完成后，单击"添加"按钮。单击"下一步"按钮，如图 8-20 所示。

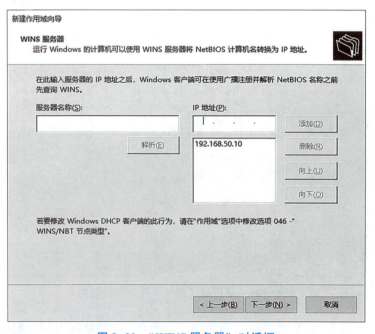

图 8-20 "WINS 服务器"对话框

(10) 在"激活作用域"对话框中,选择"是,我想现在激活此作用域"。单击"下一步"按钮,如图 8-21 所示。

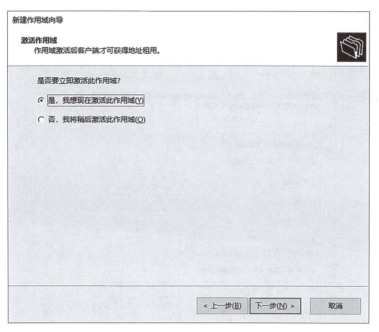

图 8-21 "激活作用域"对话框

(11) 在"正在完成新建作用域向导"对话框中,单击"完成"按钮即可完成作用域的创建,如图 8-22 所示。

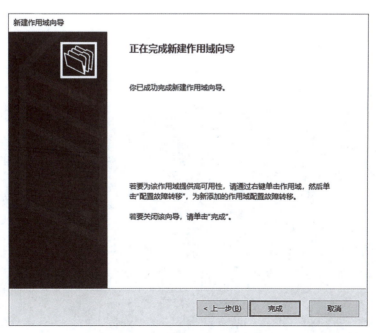

图 8-22 "正在完成新建作用域向导"对话框

8.2.5 客户端测试

(1) 客户端测试。打开客户端,将 TCP/IP 属性设置中的 IP 地址设置成自动获取,如图 8-23 所示。

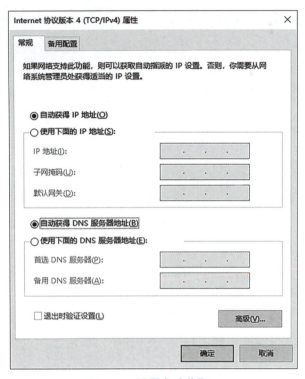

图 8-23 设置自动获取 IP

(2) 打开命令提示符,输入 ipconfig /all 可以查看获取的 TCP/IP 属性信息,包括 IP 地址、子网掩码、默认网关、DNS 等,如图 8-24 所示。

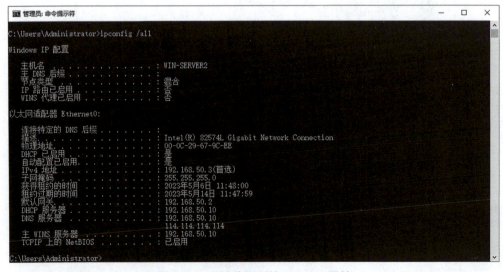

图 8-24 查看获取到的 TCP/IP 属性

(3) 打开 DHCP 服务器，可以看到地址租用信息，如图 8-25 所示。

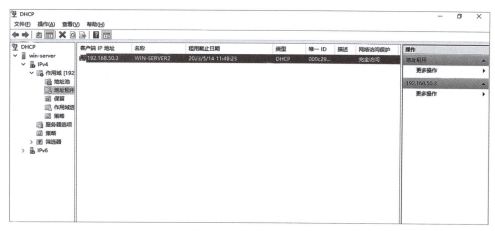

图 8-25　地址租用信息

（4）如若要释放掉获取到的 TCP/IP 属性信息，可以输入 ipconfig /release 命令。如果重新获取或更新租约，可以输入 ipconfig /renew 命令，如图 8-26 所示。

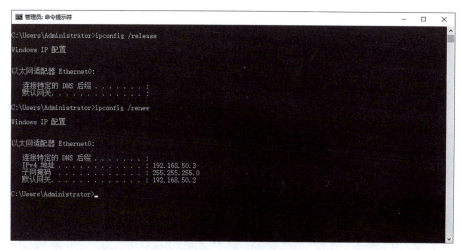

图 8-26　重新获取租约

8.2.6　配置 DHCP 保留

（1）打开 DHCP 管理器，在作用域下的"保留"处右击，选择"新建保留"，如图 8-27 所示。

（2）在"新建保留"对话框中，输入保留的名称"销售部-PC1"。在 IP 地址处输入要给该客户机保留的 IP 地址"192.168.50.50"，在 MAC 地址处输入该客户机的 MAC 地址"00-0C-29-67-9C-EE"。单击"添加"按钮，如图 8-28 所示。

（3）打开销售部-PC1 客户端，将客户端设置成自动获取 IP，输入 ipconfig /all 进行验证，获取到的 IP 地址信息如图 8-29 所示。

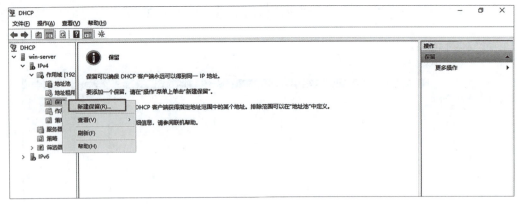

图 8-27 选择"新建保留"

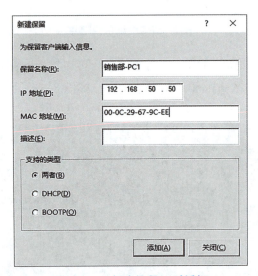

图 8-28 "新建保留"对话框

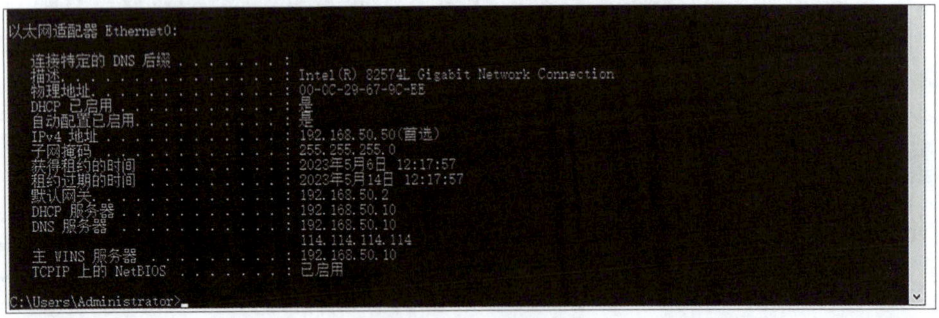

图 8-29 测试保留

8.2.7 为保留配置其他的 TCP/IP 参数

（1）在要配置的保留的项目上右击，选择"配置选项"，如图 8-30 所示。部分选项代码及功能见表 8-1。

图 8-30 选择"配置选项"

表 8-1 部分选项代码及功能代表的含义

选项代码与名称	功能简介
003 路由器	提供 DHCP 客户端的默认网关地址
006	提供 DHCP 客户端的 DNS 服务器地址
044	提供 DHCP 客户端的 WINS 服务器地址

（2）在"保留选项"对话框中，选中 006，在下面 IP 地址处输入 DNS 地址 8.8.8.8，单击"添加"按钮，即可设置提供给该保留的 DNS，如图 8-31 所示。

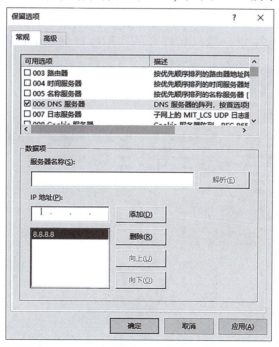

图 8-31 "保留选项"对话框

8.2.8 配置 DHCP 作用域选项、服务器选项

每个 DHCP 服务器可创建、管理多个作用域，有些网络参数（如：DNS 服务器的 IP 地址）在不同的网段往往相同。如果在多个作用域分别设置，则显得烦琐，这时就通过"服务器选项"一次设置便可以了。

服务器选项、作用域选项和保留选项所配置的选项，它们的功能都是配置客户机上的 TCP/IP 参数，只是各选项应用的范围和优先级不同。

保留选项所配置的值只对指定的单一客户机有效，作用域选项中设置的值只在本作用域内有效，服务器选项中所做的设置，在本服务器上所有的作用域中都有效。

三种选项从高到低的优先顺序为：保留选项→作用域选项→服务器选项。

（1）服务器选项的设置。右击"服务器选项"，选择"配置选项"，如图 8-32 所示，即可对整个服务器的所有作用域设置网关、DNS 等。

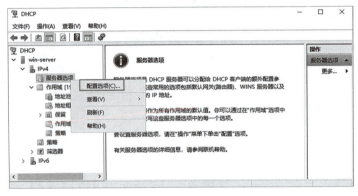

图 8-32 "服务器选项-配置选项"菜单

（2）作用域选项的设置。打开 DHCP 管理器，在作用域下的"作用域选项"处右击，选择"配置选项"，如图 8-33 所示。在打开的作用域对话框中可设置整个作用域的网关、DNS 及 WINS 等。

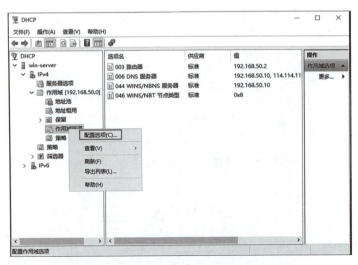

图 8-33 "作用域选项-配置选项"菜单

任务拓展

【知识测试】

1. （　　）命令可以手工释放 DHCP 客户端的 IP 地址。

A. ipconfig　　　　B. ipconfig /renew　　C. ipconfig /all　　　D. ipconfig /release

2. 在工作组环境中，有一台 DHCP 客户端、一台 DHCP 服务器，服务器的地址是 192.168.1.1，DHCP 客户端要动态获取 IP 地址时发送的 DHCP DISCOVER 报文中的目的 IP 地址是（　　）。

　　A. 192.168.1.1　　　　　　　　　B. 192.168.1.254

　　C. 255.255.255.255　　　　　　　D. 255.255.255.0

3. DHCP OFFER 消息中源 IP（　　）。

　　A. DHCP 服务器的 IP 地址　　　　B. DHCP 客户端的 IP 地址

　　C. 255.255.255.255　　　　　　　D. 0.0.0.0

4. 计算机上配置了动态获取 IP 地址，使用 ipconfig /all 命令查看，发现 IP 地址是 169.254.25.38，导致这个情况的原因可能是（　　）。

　　A. 用户自行指定了 IP 地址　　　　B. IP 地址冲突

　　C. 动态申请地址失败　　　　　　　D. 以上都不正确

5. 计算机上配置了静态 IP 地址，使用 ipconfig /all 命令查看，发现 IP 地址是 169.254.25.38，导致这个情况的原因可能是（　　）。

　　A. 用户自行指定了 IP 地址　　　　B. IP 地址冲突

　　C. 动态申请地址失败　　　　　　　D. 以上都不正确

6. DHCP 服务的作用是（　　）。

　　A. 域名解析　　　　　　　　　　　B. 网站发布

　　C. 进行文件传输　　　　　　　　　D. 动态分配 IP

实训项目　搭建 DHCP 服务器

一、实训目的

（1）掌握 DHCP 服务的基本安装、配置和测试方法。

（2）掌握 DHCP 作用域的创建方法。

二、实训背景

公司的网络管理员人数较少，而管理的网络中的客户机数量较多，管理员决定对客户机 IP 地址的分配采用动态管理的方法，而服务器 IP 地址采用静态管理的方法，这样一方面减少了手工配置 IP 地址容易导致的地址冲突问题，另一方面也降低了管理员的工作量。

三、实训要求

注意事项：

xxx 是名字拼音的首字母缩写，例如：张三丰，缩写为 zsf。

(1) 准备工作，准备两台虚拟机，并分别命名为 DHCP 服务器和 DHCP 客户端。DHCP 服务器的 IP 地址为 192.168.学号.10。

(2) 在 DHCP 服务器上创建作用域，名称为 xxx-BITC2H，IP 地址范围为 192.168.学号.1~192.168.学号.200，子网掩码为 255.255.255.0。需要排除以下地址：

192.168.学号.100~192.168.学号.120；

192.168.学号.2；

192.168.学号.10。

(3) 设置租约时间为 10 天。

(4) 为客户机分配的网关地址为 192.168.学号.2，DNS 地址为 8.8.8.8，WINS 地址无。

(5) 配置和测试 DHCP 客户端，使得 DHCP 服务器能为客户端自动分配 IP 地址。

(6) 有一台计算机需要作为网络内部的 FTP 服务器，采用网卡（DHCP 客户端的 MAC 地址）绑定，给它的 IP 地址是 192.168.学号.50。

(7) 配置和测试步骤 6 中配置的保留。

任务 9

管理和配置域服务

任务背景

随着公司的发展壮大，公司员工逐渐增多，有员工 200 余人，职能部门有 6 个（行政部、销售部、财务部、人事部、海外贸易部、质检部），主机 200 多台，打印机 10 台。公司希望安装活动目录服务，对服务器、个人 PC 机及打印机、共享资源等进行集中管理。

知识目标

（1）理解活动目录的基本知识、组织结构和应用特点。
（2）掌握 Windows Server 2008 域用户、组、组织单元的概念。

能力目标

（1）掌握 Windows Server 2022 域控制器的安装与设置。
（2）熟悉客户端登录 Windows Server 2022 域的方法。
（3）掌握 Windows Server 2022 域用户、组、组织单元的创建和管理。

素质目标

（1）培养学生自主学习能力和创新能力。
（2）培养学生安全意识。

任务 9.1　活动目录的概念

【知识链接】

9.1.1　计算机组网方式

计算机的组织方式有两种：工作组模式和域模式，如图 2-2 和图 2-3 所示。

工作组和域模式的区别如下：

（1）工作组实际上是计算机的逻辑集合，工作组可以自由加入或退出。域是一个有安全边界的计算机集合，计算机不能自由加入或退出域，要想加入域，必须通过验证。

（2）工作组中，各台计算机自主进行管理，不能进行统一管理。用户的账户和资源的共享信息都保存在本计算机内，所以，工作组中的资源是分散的，如果用户访问工作组中的资源，必须知道资源存放的具体位置，进而登录到资源所在的计算机才能访问。所以，划分工作组的目的是将不同的电脑按功能分别列入不同的组中，在"网上邻居"中可以按组进行搜索，以方便管理。而在域模式下，至少有一台服务器包含了由这个域的账户、密码、属于这个域的对象等信息构成的数据库。只要是用户登录到域，就可以访问到这个数据库，进而访问资源，所以，对于用户来讲，无须知道资源具体存放在哪台计算机上。

（3）工作组不能统一进行身份认证。要访问某台计算机，要到被访问的计算机上来实现用户验证。所以，如果工作组中有 n 个用户访问资源，就需要在每台计算机上给这 n 个用户分别创建用户，如果有 m 台计算机，就需要创建 m·n 个用户。而在域模式下，至少有一台服务器负责每一台联入网络的电脑和用户的验证工作。当计算机进行登录时，这台服务器首先要鉴别这台计算机是否属于这个域，以及用户使用的登录账号是否存在、密码是否正确。如果以上信息有一样不正确，就会拒绝这个用户登录。如果验证正确，用户就可以访问服务器上的资源。所以，如果有 n 个用户，只需要创建 n 个账户就可以了，因为用户不管从哪台计算机登录，都可以登录到域。

9.1.2 目录和活动目录的基本概念

目录，用一致的方式命名、描述、定位、管理信息，并保证这些信息可以方便、安全地使用。例如，可以把手机通讯录看成一个目录，目录里存放着联系人的电话、地址、Email 等信息。最常见的是书的目录。如果有一本书，它里面的内容很多，书的目录可以帮助读者快速地找到该书中的某一章节（即起到了快速查询的目的），所以说书的目录就是为读者提供的一种查询服务。

在计算机网络中，如果网络的规模比较大，网络中的资源也比较多（如有多台打印服务器、多个用户、多个组、多个共享文件夹等），用户想要快速地找到某一个网络资源也很不容易。如果为这些网络资源也创建一个目录的话，用户只要能访问到目录，就能知道网络资源的具体位置。这就是我们说的活动目录。

活动目录（Active Directory，AD）是一个数据库，用于保存与网络对象相关的信息结构、资源位置、安全信息及管理信息等属性，如计算机、用户、组、打印机等的名称、描述、地理位置、访问权限等信息，以便集中管理和方便查找。例如网络中存在着一台打印机和两台服务器，活动目录就会存储它们的相关信息，如服务器的名称、操作系统、类型、位置，打印机的名称、位置、型号等。用户一次登录即能访问所有的授权资源。由于这些网络资源是活动的，可以随时增加或删除，所以称为活动目录。

在 Windows Server 2022 中，能够提供目录服务的组件是 Active Directory Domain Service（ADDS），也叫作 AD 域服务，负责数据库的存储、删除、修改与查询工作。

9.1.3 活动目录中的相关概念

1. 命名空间

命名空间就是一块划好的区域。在这个区域内，可以利用某个名字来找到与这个名字有关的信息。例如一本电话簿就是一个命名空间，在电话簿内（划分好的区域内），可以通过姓名找到此人的电话、地址等信息。同理，活动目录就是一个命名空间。可以把命名空间理解为任何给定名字的解析边界，这个边界就是指这个名字所能提供或关联、映射的所有信息范围。通俗地说，就是在服务器上通过查找一个对象可以查到的所有关联信息总和，比如一个用户，如果在服务器已给这个用户定义了如用户名、用户密码、工作单位、联系电话、家庭住址等，那么只输入用户名即可找到上面所列的一切信息。

2. 对象与属性

活动目录的对象是对某具体事物的命名，如用户、计算机、服务器或打印机等都是对象。活动目录的对象是组成活动目录的基本元素。而一个对象通过属性来描述其特征，例如：要为用户张三创建一个账户，则必须添加一个对象类型为"用户"的对象，即用户账户，而用户姓名、电话号码、电子邮件地址和家庭住址等就是该对象的属性。张三就是一个对象类型为用户的对象。

活动目录对象的主要类别有用户（User）、计算机（Computer）、联系人（Contact）、组（Group）、组织单位（Organization Unit）、打印机（Printer）和共享文件夹（Shared Folder）等。

3. 容器与组织单位

容器代表存放对象的空间，容器也有自己的名称和属性；容器还包含其他对象，如计算机、用户等；容器还可以包含其他容器。组织单位（OU）是一种特殊的容器，它可以用来组织、管理一个域内的对象，能包含用户账户、用户组、计算机、应用程序、打印机和其他的 OU，但是组织单位不能包括来自其他域的对象。

4. 架构

活动目录内的对象种类与属性数据等是定义在架构内的，如定义了用户这个对象类型包含了哪些属性（姓、名、电话等）、每个属性的数据类型及其范围等。一个域林中的所有域树共享一个架构。

5. 全局编录

活动目录内的数据分散存储在各个域内，而每一个域只存储与此域本身相关的数据。Windows Server 2022 将存储在各个域内的数据合并为一个活动目录。"全局编录"内包含着目录服务器中的每一个对象。"全局编录"的数据存储在全局编录服务器中，系统默认第一台域控制器就是全局编录服务器。在域林共享一个全局编录服务器。

6. 站点

站点由一个或多个 IP 子网组成，站点代表网络的物理结构，基本上是与子网对应的，但一个站点也可以包含多个子网。在活动目录中，站点是通过高速网络（如局域网）有效连接的一组计算机。在一个站点中必须有自己的域控制器，而且必须与子网链接。站点与域之间没有绝对的关系，因为一个域中可以有一个或多个站点，而一个站点中又可以包括一个或多个域。

9.1.4　活动目录中的逻辑结构单元

活动目录中的逻辑结构单元包括域、域树、域林及组织单元，它们之间的逻辑关系如图 9-1 所示。

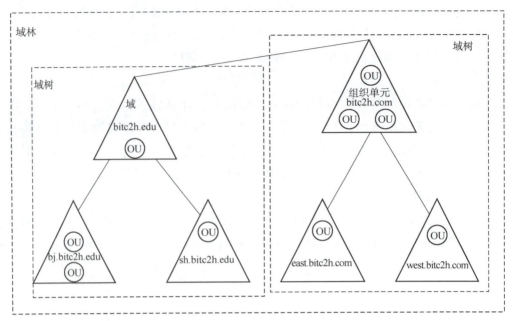

图 9-1 逻辑结构单元

1. 域

域是一个安全边界,每个域都有自己的安全策略,以及它与其他域的安全信任关系。一个域可以分布在多个物理位置上,一个物理位置也可以划分为多个域。

2. 信任关系

企业如果有两个域或多个域,一个域常常有访问另一个域中资源的需要。为了解决用户跨域访问资源的问题,在域之间引入了信任关系。

信任关系分为单向和双向。如果想让域 B 访问域 A 中的资源,只需让域 A 信任域 B,这时 A 称为信任域,B 称为被信任域。这种关系称为单向信任。

如果想让域 B 能访问域 A 中的资源,域 A 也能访问域 B 中的资源,就需要让域 A 信任域 B 的同时,域 B 也信任域 A,这种关系称为双向的信任关系。

信任关系有可传递和不可传递之分,如果 A 信任 B,B 又信任 C,那么 A 是否信任 C 呢?如果信任关系是可传递的,A 就信任 C;如果信任关系是不可传递的,A 就不信任 C。

Windows Server 2022 中有的信任关系是可传递的,有的是不可传递的;有的是单向的,有的是双向的。

3. 域树

域树由多个域组成,这些域共享同一个表结构和配置,形成一个连续的名字空间。活动目录可以包含一个或多个域树,如图 9-1 所示。在域树中,各个域的域名空间是连续的,域树中各个域以树的形状出现,如在最上层建立域 bitc2h.com,这是域树的根,叫作根域,根域下有两个子域:east.bitc2h.com 和 west.bitc2h.com。

在域树中,父域和子域的信任关系是双向可传递的,因此,域树中的一个域隐含地信任域树中所有的域。

4. 域林

域林指一个或多个没有形成连续名字空间的域树。它与域树的最明显区别在于域树之间没有形成连续的名字空间。域树则由一些具有连续名字空间的域组成，如图9-1所示。域林也有根域，它是域林中创建的第一个域，域林中所有域树的根域与域林的根域建立可传递的信任关系。

9.1.5 活动目录和域的关系

一台计算机安装活动目录服务，在安装活动目录的同时就形成一个域，这台安装了活动目录的计算机就成了域控制器，简称为DC。然后若干台计算机加入域，就形成了一个完整的域结构，域中所有的计算机共享着活动目录的资源。

9.1.6 活动目录与DC的关系

DC是物理上的一台计算机，而活动目录是运行在DC上的一种服务。DC通过活动目录来提供目录服务，如验证密码正确与否。在一台计算机上安装活动目录就可使其成为DC。在DC上卸载掉活动目录就成为普通的服务器。

9.1.7 域中计算机的角色

（1）域控制器：在一个域中，活动目录数据库必须存储在域中特定的计算机上，这样的计算机被称为域控制器（DC）。

（2）成员服务器：那些安装了服务器版操作系统（如：Windows Server 2019 或 Windows Server 2022 等），但未安装 AD 服务且加入域的计算机。

（3）独立服务器：那些安装了服务器版操作系统（如：Windows Server 2019 或 Windows Server 2022 等），但未加入域的计算机。

（4）工作站：所有安装桌面操作系统如Win7、Win10等系统，并且加入域的计算机。

域控制器、成员服务器、独立服务器三者的关系如图9-2所示。

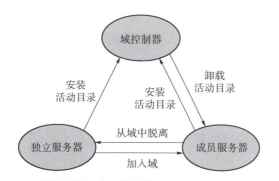

图9-2 域控制器、成员服务器、独立服务器三者的关系

注意：一个域可以有一个或多个域控制器。

任务 9.2 搭建林中第一个域控制器

【任务目标】

任务拓扑如图 9-3 所示。

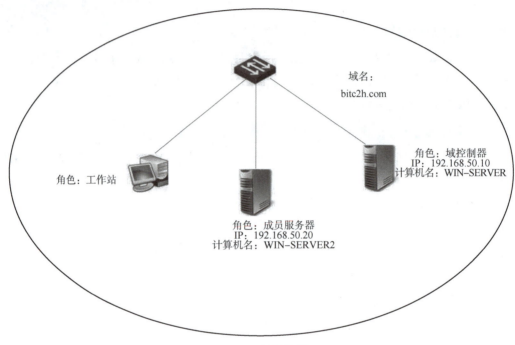

图 9-3 任务拓扑

（1）搭建林中第一个域控制器：在 WIN-SERVER 上安装域服务，并升级为域控制器，域名设置为 bitc2h.com，还原模式密码设置为 Abc123456，林功能级别和域功能级别均设置为"Windows Server 2016"。

（2）将 WIN-SERVER2 加入域中。

（3）在 WIN-SERVER2 上登录域，并查找域中的计算机。

【知识链接】

9.2.1 活动目录安装的条件

（1）安装者必须具有本地管理员权限。

（2）本地磁盘至少有一个分区是 NTFS 文件系统。

（3）有 TCP/IP 设置（IP 地址、子网掩码等）。

（4）有相应的 DNS 服务器支持。

（5）有足够的可用空间。

9.2.2 域功能级别和林功能级别

从 Windows NT 开始，一直到目前的 Windows Server 2022，都能够提供活动目录服务，不同的操作系统提供的功能、服务也不一样，由不同的操作系统组成的域或林，支持不同的功能、服务，这就叫作功能级别。功能级别不会影响哪些版本的操作系统加入域或林，但是会限制哪些操作系统能够被安装成为域控制器。

当创建新域或新林时，应该将域及林功能级别设置为网络环境所能支持的最高值。功能级别所支持的域控制器见表 9-1。

表 9-1　功能级别所支持的域控制器

域功能级别	支持的域控制器
Windows Server 2008	Windows Server 2008、Windows Server 2012、Windows Server 2016、Windows Server 2019、Windows Server 2022
Windows Server 2012	Windows Server 2012、Windows Server 2016、Windows Server 2019、Windows Server 2022
Windows Server 2016	Windows Server 2016、Windows Server 2019、Windows Server 2022

【任务实施向导】

9.2.3　安装 AD 域服务

（1）启动服务器管理器后，选择"管理"菜单选项，单击"添加角色和功能"超链接，启动"添加角色和功能向导"，单击"下一步"按钮。

（2）在"选择安装类型"对话框中，选择"基于角色或基于功能的安装"，单击"下一步"按钮。

（3）在"选择目标服务器"对话框中，选择"从服务器池中选择服务器"，选中要操作的服务器后，单击"下一步"按钮。

（4）进入"选择服务器角色"对话框，勾选"Active Directory 域服务"复选项，如图 9-4 所示，出现"添加 Active Directory 域服务所需的功能？"对话框，单击"添加功能"按钮，如图 9-5 所示。然后在"选择服务器角色"对话框中单击"下一步"按钮继续操作。

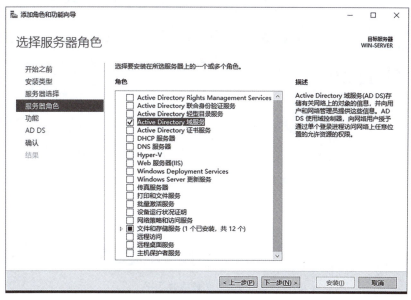

图 9-4　"选择服务器角色"对话框

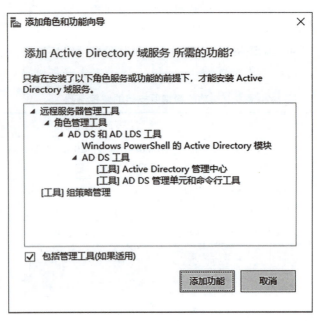

图 9-5 "添加 Active Directory 域服务所需的功能"对话框

（5）在"选择功能"对话框中，不做任何操作，单击"下一步"按钮。

（6）出现注意事项对话框，显示 Active Directory 域服务安装的注意事项，单击"下一步"按钮，如图 9-6 所示。

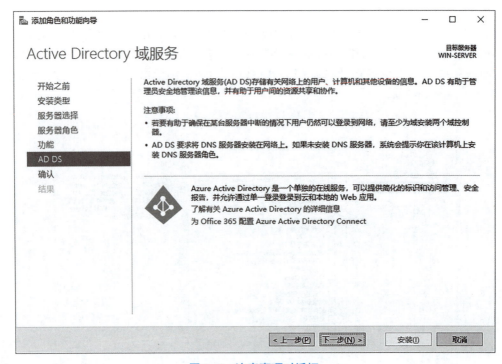

图 9-6 注意事项对话框

（7）出现"确认安装所选内容"对话框，显示 Active Directory 域服务安装的详细信息，单击"安装"按钮，如图 9-7 所示。

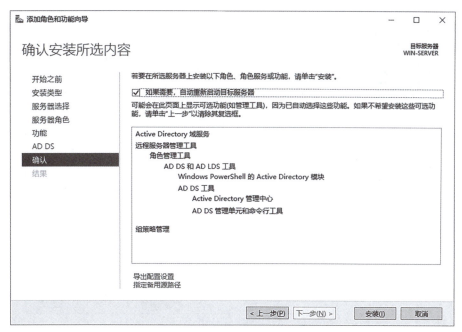

图 9-7　"确认安装所选内容"对话框

（8）角色开始安装，直到出现 Active Directory 域服务安装完成的提示，单击"关闭"按钮退出添加角色向导。

9.2.4　搭建林中第一个域控制器

（1）在"服务器管理器"主界面菜单中，点开通知区域，单击"将此服务器提升为域控制器"，进入域服务配置向导，如图 9-8 所示。

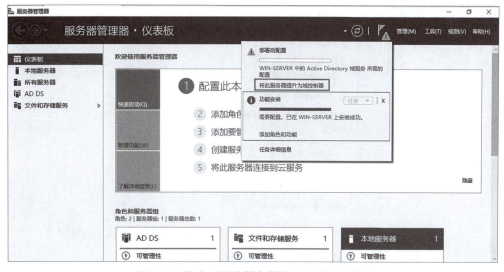

图 9-8　单击"将此服务器提升为域控制器"

（2）在"部署配置"对话框中，部署操作选择"添加新林"，输入根域名"bitc2h.com"后，单击"下一步"按钮，如图9-9所示。

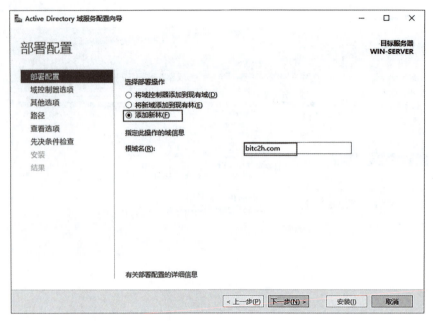

图9-9 "部署配置"对话框

（3）在"域控制器选项"对话框中，林功能级别和域功能级别均选择"Windows Server 2016"，选择要指定的域控制器的功能，输入目录服务还原模式密码"Abc123456"后，单击"下一步"按钮，如图9-10所示。

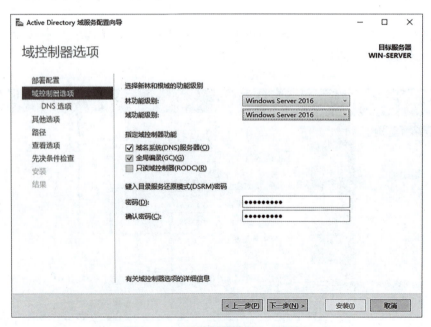

图9-10 "域控制器选项"对话框

(4)在"DNS 选项"对话框中,忽略提示,直接单击"下一步"按钮,如图 9-11 所示。

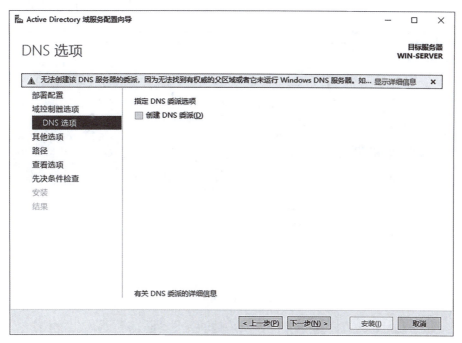

图 9-11 "DNS 选项"对话框

(5)在"其他选项"对话框中,NetBIOS 域名自动生成,不用填写,单击"下一步"按钮,如图 9-12 所示。

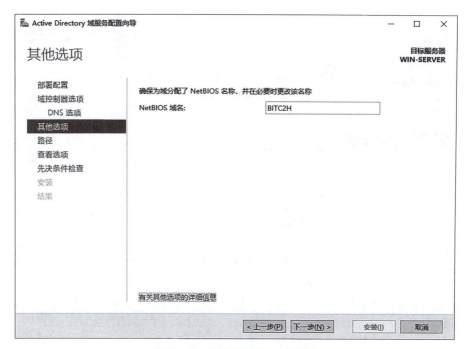

图 9-12 "其他选项"对话框

(6)在"路径"对话框中,选择数据库文件夹(用于存储活动目录对象)、日志文件文件夹(用于存储活动目录数据库的改动日志)、SYSVOL文件夹(存储组策略的相关信息)的保存路径后,单击"下一步"按钮,这里选择默认,如图9-13所示。

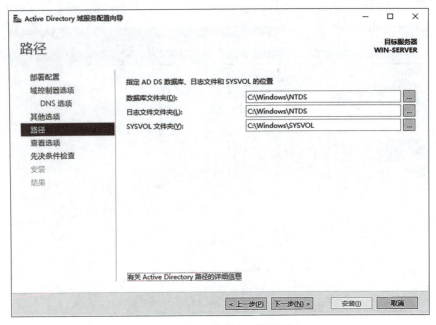

图9-13 "路径"对话框

(7)在"查看选项"对话框中,确认信息后,单击"下一步"按钮,如图9-14所示。

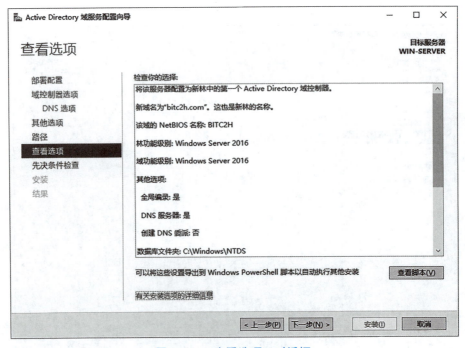

图9-14 "查看选项"对话框

(8)在"先决条件检查"对话框中,先决条件检查通过后,单击"安装"按钮进行安装,如图 9-15 所示。

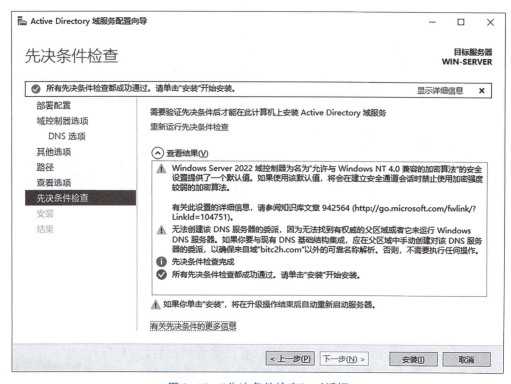

图 9-15 "先决条件检查"对话框

(9)安装完成后,将会自动重启计算机。重启登录后,打开"服务器管理器"的"工具"菜单,可以看到 AD 的管理工具,如图 9-16 所示。

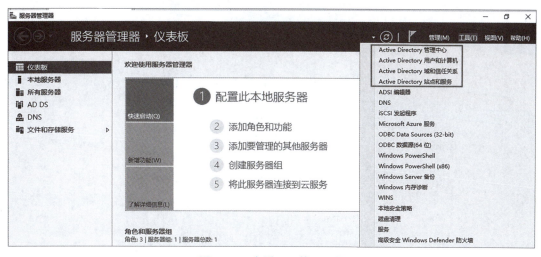

图 9-16 查看 AD 管理工具

9.2.5 将计算机加入域

（1）打开要加入域的计算机，配置客户机的 IP 地址和首选 DNS，如图 9-17 所示。

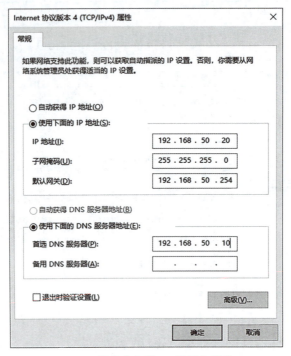

图 9-17 配置客户机的 IP 地址和首选 DNS

（2）右击桌面上的"此电脑"图标，选择"属性"→"高级系统设置"→"计算机名"→"更改"，在"计算机名/域更改"对话框中设置计算机所隶属的域，如图 9-18 所示。

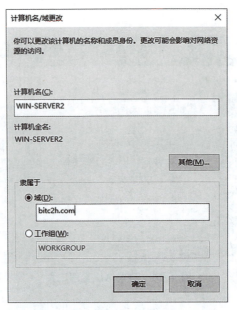

图 9-18 "计算机名/域更改"对话框

(3)输入域用户名和密码,进行身份认证,单击"确定"按钮,如图 9-19 所示。

图 9-19 域成员身份验证

(4)系统提示加入域,如图 9-20 所示。重启计算机后即可生效。

图 9-20 成功加入域

(5)登录到域。在 WIN-SERVER2 的登录界面,选择其他用户,输入域名/用户名或者用户名@域名,再输入密码,即可登录到域,如图 9-21 所示。

图 9-21 登录到域

9.2.6 访问活动目录对象

(1) 登录域后,打开"文件资源管理器",选择"网络",如图 9-22 所示。

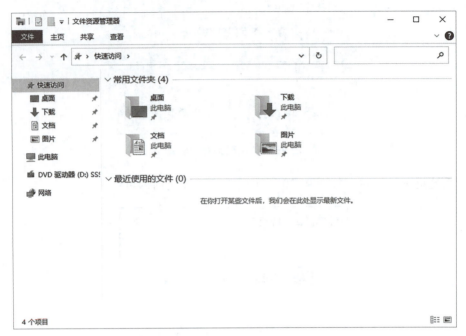

图 9-22 文件资源管理器

(2) 单击"搜索 Active Directory"按钮,如图 9-23 所示。

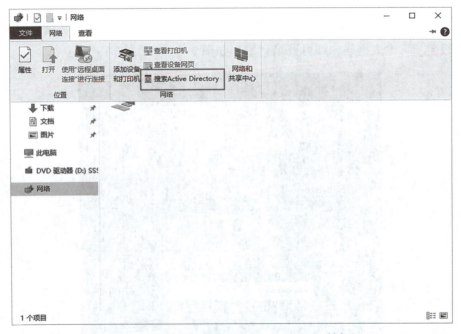

图 9-23 单击"搜索 Active Directory"按钮

(3)在"查找用户、联系人及组"对话框中,"查找"列表框列出了所有可查找的活动目录对象,选中要查找的对象,如选择查找"计算机",查找范围选择"整个目录",单击右侧的"开始查找"按钮,如图9-24所示。

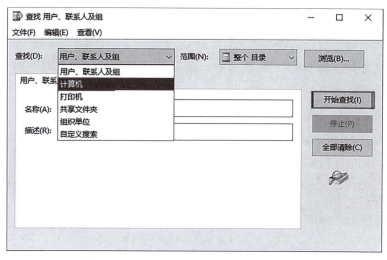

图9-24 "查找用户、联系人及组"对话框

(4)在搜索结果中,就可以看到域中的两个计算机 WIN-SERVER 和 WIN-SERVER2,如图9-25所示。

图9-25 搜索结果

9.2.7　在成员服务器上安装域管理工具

（1）在成员服务器上启动"服务器管理器"后，选择"管理"菜单选项，单击"添加角色和功能"超链接，启动"添加角色和功能向导"，单击"下一步"按钮。

（2）在"选择安装类型"对话框中，选择"基于角色或基于功能的安装"，单击"下一步"按钮。

（3）在"选择目标服务器"对话框中，选择"从服务器池中选择服务器"，选中要操作的服务器后，单击"下一步"按钮。

（4）在"选择服务器角色"对话框中，不做任何选择，单击"下一步"按钮。

（5）在"选择功能"对话框中，依次选择"远程服务器管理工具"→"角色管理工具"→"AD DS 和 AD LDS 工具"，单击"下一步"按钮，如图 9-26 所示。

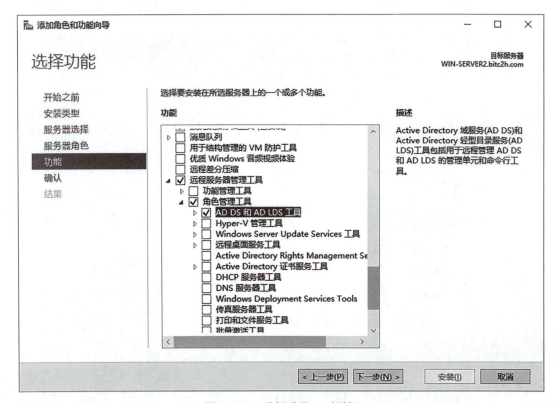

图 9-26　"选择功能"对话框

（6）在"确认安装所选内容"对话框中，核对后，单击"安装"按钮。安装完毕后，关闭对话框即可，如图 9-27 所示。

（7）回到"服务器管理器"界面，在"工具"菜单中可以看到相关选项用于 AD 的管理，如图 9-28 所示。

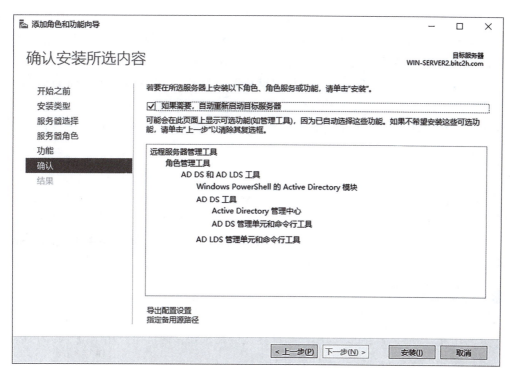

图 9-27 "确认安装所选内容"对话框

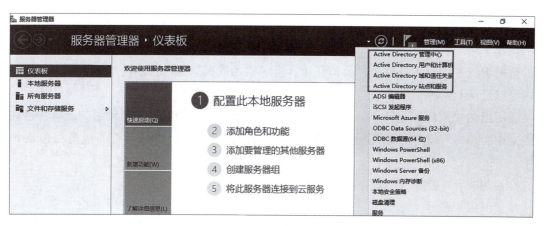

图 9-28 安装好的 AD 管理工具

任务 9.3 管理活动目录对象

【任务目标】

（1）在 DC 上，使用"Active Directory 用户和计算机"工具创建销售部-user1。

（2）创建组织单位"销售部"，使用 CSDVE 工具创建销售部-user2～销售部-user5 用户，并把这 4 个用户放到组织单位"销售部"中。

(3) 销售部-user1 仅允许周一至周五的 8:00—18:00 登录,销售部-user1 仅允许在 WIN-SERVER2 上进行登录,并且于 2023 年 12 月 31 日账户过期。

(4) 创建域组"财务部",组的作用域是本地域,组的类型是安全组。

(5) 设置 OU 的委派控制,委派用户"销售部-经理"对组织单位销售部具有用户的管理权。

(6) 在域控制器上有一个共享文件夹"资料",将其发布到组织单位"销售部"中。

【知识链接】

9.3.1 域用户的概念

域用户账户在域控制器上建立,域用户账号是访问域的唯一凭证。用户从域中的任何一台计算机登录到域中的时候,必须提供一个合法的域用户账号,账号将被域的 DC 所验证,验证成功后,可以登录域、访问域内资源。

9.3.2 域组的概念

域组分为安全组和通信组。安全组用于设置用户权限,也可用于电子邮件通信,具备通信组的全部功能,并且可以用来为用户和计算机分配权限;通信组只用于电子邮件通信,用来组织用户账号,没有安全性,一般不用于授权。

组的作用域分为本地域组、全局组和通用组。

本地域组的使用范围是本域,一般情况下,针对本域的资源创建本地域组。本地域组的成员可以来自所有域的用户和组,但其作用域只能是当前域,本地域组的权利是自身的。

全局组的使用范围是整个林及信任域,全局组的成员只能来自当前域的用户和组,而作用域可以是所有的域。

通用组的使用范围是整个林及信任域。全局组和通用组的区别是通用组的成员身份在全局编录中。多域环境下,通用组成员登录或者查询速度较快,而全局组的成员身份在每个域中。

在使用时,一般采用 A-G-DL-P 策略:

A 表示用户账号;

G 表示全局组;

U 表示通用组;

DL 表示域本地组;

P 表示资源权限。

A-G-DL-P 策略是将用户账号添加到全局组中,将全局组添加到域本地组中,然后为域本地组分配资源权限。

创建域时,自动创建的安全组称为默认组。许多默认组被自动指派一组用户权利,授权组中的成员执行域中的特定操作。默认组位于"Builtin"容器和"Users"容器中。森林的根域、森林的任何其他域、组织单位均可创建组。

【任务实施向导】

9.3.3 创建域用户

1. 使用"Active Directory 用户和计算机"工具创建销售部-user1

（1）打开"Active Directory 用户和计算机"管理界面，在容器 Users 处右击，依次选择"新建"→"用户"，如图 9-29 所示，打开域用户创建界面。

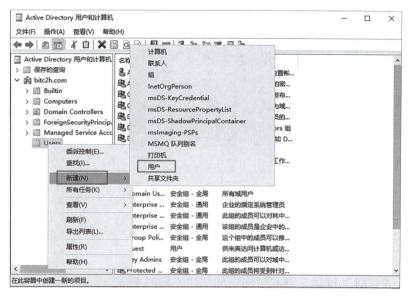

图 9-29 新建用户

（2）在"新建对象-用户"对话框中，输入姓和名，姓和名共同构成了姓名，也就是显示名，在"用户登录名"文本框中输入"销售部-user1"，单击"下一步"按钮，如图 9-30 所示。

图 9-30 "新建对象-用户"对话框

注意：显示名在组织单位（OU）中唯一，用户登录名在域中唯一，并且最长20字符。

（3）输入符合要求的密码和确认密码之后，单击"下一步"按钮，如图9-31所示。

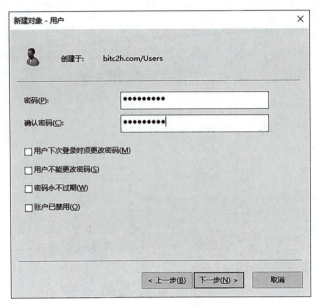

图9-31 设置密码及其选项

注意：密码的四个选项说明见任务2.1.7节。

（4）单击"完成"按钮，完成域用户的创建，如图9-32所示。

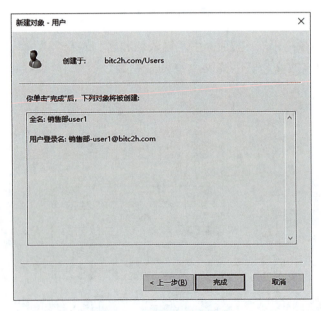

图9-32 域用户创建完成

2. 使用CSVDE工具批量创建域用户

（1）创建组织单元。打开"Active Directory用户和计算机"管理界面，在域bitc2h.com

处右击，依次选择"新建"→"组织单位"，如图 9-33 所示。

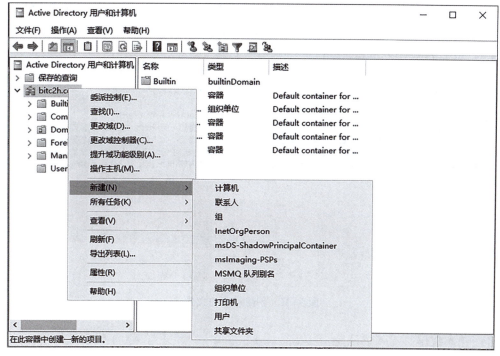

图 9-33　新建组织单位

（2）在"新建对象-组织单位"对话框中，在名称文本框中输入组织单位的名称"销售部"，单击"确定"按钮，如图 9-34 所示。

图 9-34　"新建对象-组织单位"对话框

（3）创建文本文件，命名为 users.txt。其中，第一行为标题行。DN 代表存储路径，objectClass 代表对象种类，通常是 user，SamAccountName 代表登录名，userPrincipalName 代表完整登录名，displayname 代表显示名，userAccountControl 代表启用或禁用账户，写好的文件如图 9-35 所示。

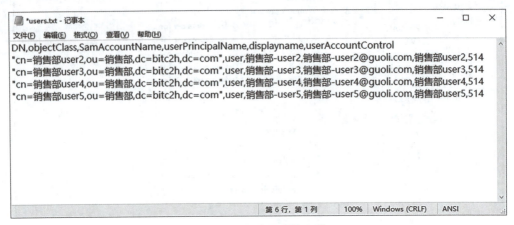

图 9-35　创建用户的文件

（4）导入数据。导入语法是：csvde -i -f 文件名。i 代表导入，f 代表数据所在的路径，如图 9-36 所示。

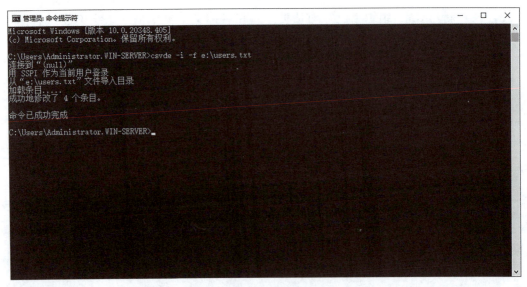

图 9-36　导入数据

（5）打开容器，可以看到创建好的用户，如图 9-37 所示。此时账户都处于禁用状态，给账户设置密码后，启用账户即可使用。

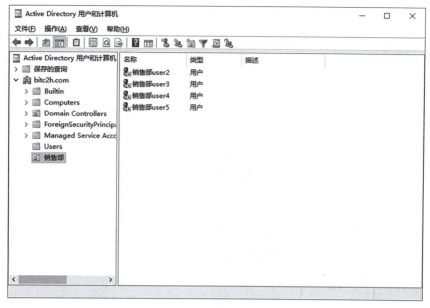

图 9-37 创建好的域用户

9.3.4 管理域用户

1. 设置账户的登录时间

（1）打开用户的属性对话框，选择"账户"选项卡，单击"登录时间"按钮，如图 9-38 所示。

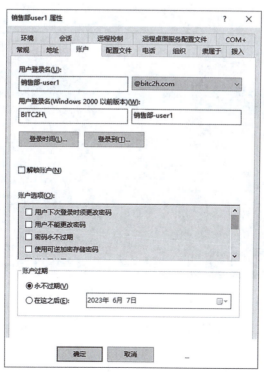

图 9-38 "销售部 user1"属性对话框

（2）打开用户的登录时间对话框，蓝色代表允许登录，白色代表拒绝登录，默认情况下任何时间均可登录。先选中周一至周五的 8：00—18：00 的这块区域，再选择右侧的"允许登录"，如图 9-39 所示。

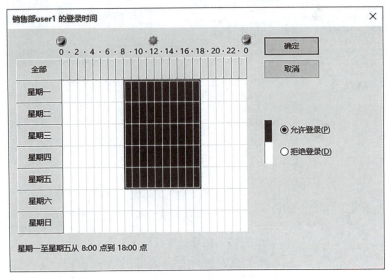

图 9-39　设置登录时间

（3）设置好后，只有周一至周五的 8：00—18：00 这个时间段才可以登录，如果不在规定的时间登录，会有如图 9-40 所示的提示。

图 9-40　账户时间限制

注意：如果用户在规定的时间内已经登录到了域，到了限制的时间仍然可以在域内工作，系统不会强制注销。

2. 设置登录工作站

打开用户的属性对话框，选择"账户"选项卡，单击"登录到"按钮，打开用户的"登录工作站"对话框。系统默认情况下允许域用户使用域内的任意一台计算机登录域。如果要控制用户在某台计算机上登录域，选择"下列计算机"单选项，在"计算机名"文本框中输入允许用户用来登录域的计算机的名称，单击"添加"按钮，再单击"确定"按钮即可。例如，仅允许销售部-user1在WIN-SERVER2上登录，设置如图9-41所示。

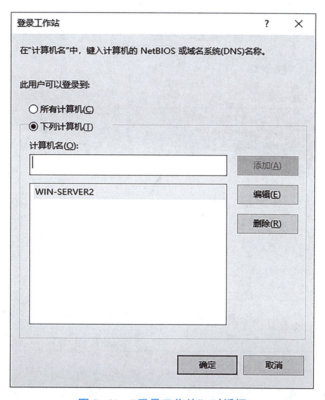

图9-41 "登录工作站"对话框

3. 设置账户过期时间

打开用户的属性对话框，默认情况下账户永不过期，现在要设置账户过期时间。在"账户过期"中选中"在这之后"，选择过期时间为2023年12月31日，单击"确定"按钮，如图9-42所示。

9.3.5 创建域组

使用"Active Directory用户和计算机"工具创建组。打开"Active Directory用户和计算机"管理界面，如图9-29所示，在容器Users处右击，依次选择"新建"→"组"，打开域组创建界面。输入组名"财务部"，单击"确定"按钮即可，如图9-43所示。

9.3.6 管理OU

不能在普通容器下创建OU，只能在域或OU下创建一个OU，普通容器和OU是平级的，没有包含关系。

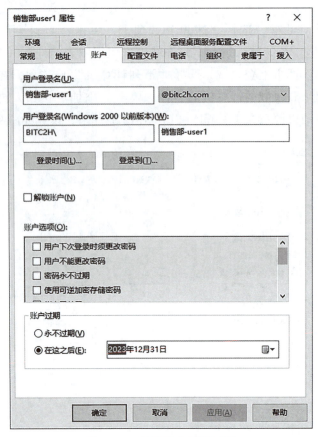

图 9-42 设置账户过期时间

图 9-43 创建域组

1. 创建 OU

在域或 OU 上右击,选择"新建"→"组织单位",输入组织单位名称"销售部"即可创建,如图 9-44 所示。

图 9-44　创建 OU

2. 删除 OU

(1) 在"Active Directory 用户与计算机"管理界面中,单击"查看"菜单,选中"高级功能",如图 9-45 所示。

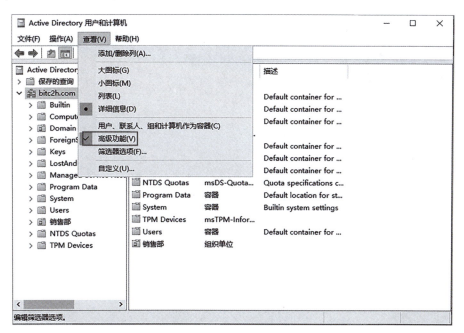

图 9-45　打开"高级功能"

(2)右击"销售部"OU,单击"属性",在"对象"选项卡中,取消勾选"防止对象被意外删除",如图 9-46 所示,然后再右击,将 OU 删除,如图 9-47 所示。

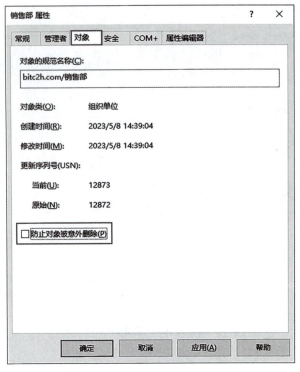

图 9-46 "销售部属性"对话框

图 9-47 删除 OU

3. OU 的委派控制

管理员为适当的用户和组指派一定范围的管理任务，以减轻管理员的工作负担。

（1）在要委派的组织单位"销售部"处右击，选择"委派控制"，打开"控制委派向导"对话框后，单击"下一步"按钮。

（2）在"用户或组"对话框中，单击"添加"按钮，添加要委派的用户"销售部经理"，完成后，单击"下一步"按钮，如图 9-48 所示。

图 9-48 "用户或组"对话框

（3）在"要委派的任务"对话框中选中要委派的功能，如图 9-49 所示。单击"下一步"按钮。

图 9-49 "要委派的任务"对话框

（4）出现"完成控制委派向导"对话框后，确认信息无误后，单击"完成"按钮，如图 9-50 所示。

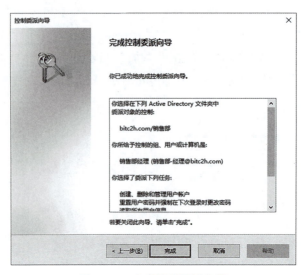

图 9-50　完成控制委派向导

（5）以销售部-经理用户登录域，打开 AD DS 管理工具，即可对组织单元"销售部"进行用户管理。

（6）委派控制的删除。

打开组织单元的属性对话框，单击"安全"选项卡，选中要删除委派的用户，单击"删除"按钮，如图 9-51 所示。删除委派后，再次用销售部-经理登录，发现没有任何管理用户和组的权限了。

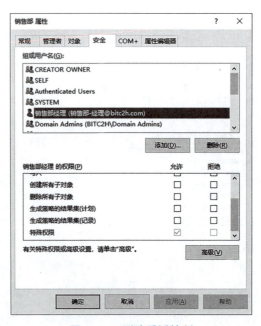

图 9-51　删除委派控制

9.3.7 发布共享文件夹

（1）在域控制器 WIN-SERVER 中创建共享文件夹"资料"，并设置 everyone 的读取/写入权限，如图 9-52 所示。

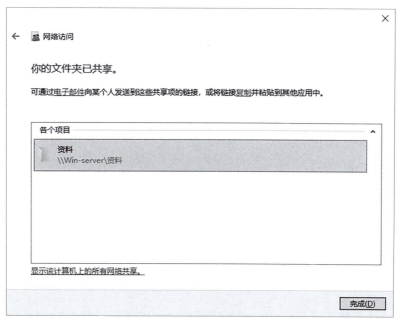

图 9-52 创建共享文件夹

（2）在域控制器中发布共享。在要发布共享的 OU "销售部"上右击，选择"新建"→"共享文件夹"，如图 9-53 所示。

图 9-53 新建共享文件夹

(3)在"新建对象–共享文件夹"对话框中,在名称文本框中输入共享文件夹的显示名称,在网络路径处输入共享文件夹所在的网络路径,单击"确定"按钮,如图9-54所示。

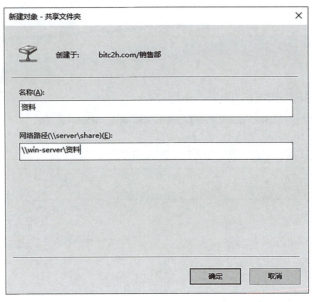

图 9-54 "新建对象–共享文件夹"对话框

(4)打开共享文件夹所在的OU,即可看到发布的共享文件夹,如图9-55所示。

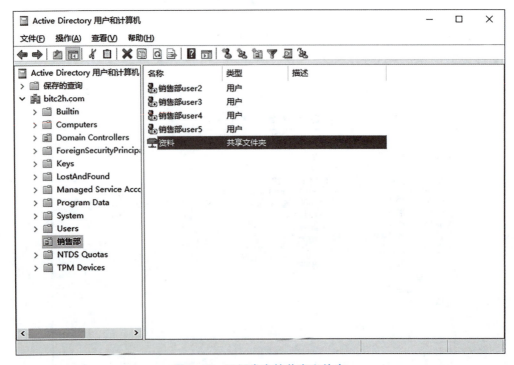

图 9-55 已经发布的共享文件夹

（5）在客户端使用内置 Active Directory 搜索工具，在查找列表框中选择"共享文件夹"，单击右侧的"开始查找"按钮。查找结束后，在下方"搜索结果"处会看到已经发布的所有的共享文件夹。右击需要的共享文件夹，选择"浏览"即可打开，如图 9-56 所示。

图 9-56　访问共享文件夹

【知识测试】

1. 最简单的域树中只包含（　　）个域。
   A. 1　　　　　　B. 2　　　　　　C. 3　　　　　　D. 4
2. 一个域中无论有多少台计算机，一个用户只要拥有（　　）个域用户账户，便可以访问域中所有计算机上允许访问的资源。
   A. 1　　　　　　B. 2　　　　　　C. 3　　　　　　D. 4
3. 在域树中，父域和子域之间有双向的、可传递的（　　），使得两个域中的用户账户均具有访问对方域中资源的能力。
   A. 迭代关系　　　B. 传递关系　　　C. 包含关系　　　D. 信任关系
4. 在一个域中使用组为用户分配资源访问权限时，建议使用（　　）的原则。
   A. P-A　　　　　B. P-G-A　　　　C. G-A-DL-P　　　D. A-G-DL-P
5. 下列不属于活动目录的逻辑结构是（　　）。
   A. 域　　　　　　B. 域树　　　　　C. 域林　　　　　D. 站点
6. 架设域控制器，下列条件无须具备的是（　　）。
   A. 有 DNS 支持

B. 必须是 Windows Server 2022 操作系统
C. NTFS 分区
D. 安装配置 TCP/IP 和 DNS，并且有足够的磁盘空间

实训项目　搭建域服务

一、实训目的

（1）根据用户需求，完成活动目录环境搭建。
（2）学会活动目录对象用户、组、组织单元的创建。
（3）学会共享文件夹的发布、OU 的委派控制等。

二、实训背景

公司采用域模式进行网络管理，公司需要为一些用户创建域用户，并且根据实际情况设置用户的一些属性，同时，还需要进行共享文件夹的管理和 OU 的委派控制。

三、实训要求

xxx 是名字拼音的首字母缩写，例如：张三丰，缩写为 zsf。

（1）准备两台虚拟机，一台命名为域控制器（192.168.学号.10），一台命名为域客户机（192.168.学号.20），在域控制器中安装域服务并升级为域控制器，将域客户机加入域（bitc2h.com）中。

（2）管理组-user1（属于域管理员组），登录时间不受限制；销售组-user1 属于一般员工，工作时间为工作日的 9:00—17:00，他可以使用本域的任何一台非域控计算机登录到域；实习生-user1 来公司实习，工作时间为工作日的 9:00—12:00，到 2020-12-10 在本公司的工作结束，他只能使用客户机 192.168.50.20 进行登录。

（3）在域控制器上创建共享文件夹"学习资料"，权限设为 everyone 的读取/写入权，在活动目录中发布；在客户机上查找到该共享文件夹。

（4）创建组织单位"质检部"，设置委派控制，使得用户"质检部-经理"对该组织单元能够新建用户和组，并在客户机上验证（需在客户机上安装 AD 域服务管理工具）。

任务 10

组策略应用

任务背景

公司搭建了域环境,需要对公司的计算机或用户在某些配置上强制性实施统一的配置。例如:统一桌面背景、统一安装办公软件、统一强制安装最新的微软补丁等。同时,需要对公司计算机或用户制定一系列的安全策略,如统一的密码策略、统一的审核策略等。为了避免公司管理员进行大量重复的工作,需要设置组策略。

知识目标

(1) 理解组策略的功能。
(2) 熟悉组策略对象、组策略链接、组策略控制的概念。

能力目标

(1) 熟悉组策略的应用规则。
(2) 能够利用组策略对域中的计算机进行一些常用设置。

素质目标

(1) 培养学生自主学习能力和创新能力。
(2) 培养学生网络管理能力。

任务 10.1 组策略的概念

10.1.1 组策略的概念

组策略是一种在用户或计算机集合上强制使用的一些管理规则。可以使用组策略给同组的计算机或者用户强加一套统一的标准,包括菜单启动项、软件设置、密码设置策略等,这样计算机或者用户可以有相同的菜单、相同的快捷方式、遵守相同的密码设置规则等各种配置。

组策略的优点:降低布置用户和计算机环境的总费用,只需设置一次,相应的用户或计算机即可全部使用规定的设置;减少用户不正确配置环境的可能性;推行公司使用计算机的规范,如桌面环境规范或安全策略规范。

组策略的设置内容有以下几类:

(1) 安全性设置：如账户策略、本地策略的设置。

(2) 脚本的设置：如登录与注销、启动与关机脚本的设置。

(3) 软件的安装设置：如用户登录或计算机启动时，自动为用户安装应用软件，自动修复应用软件或自动删除应用软件。

(4) 管理模板设置：如隐藏用户桌面上所有的图标，在"开始"菜单中添加"注销"选项，删除浏览器内部分选项，文件夹重定向等。

(5) 其他系统设置：如限制安装设备驱动程序。

10.1.2 组策略的工作原理

如果域控制器上设置了组策略，当域中所有的计算机启动或用户登录时，会自动去域控制器中寻找相应的组策略并应用。

组策略中的每一个策略都和注册表中的某个键值相对应，设置完组策略后，系统会自动修改注册表，所以也可以将组策略理解成一种"另类"注册表编辑器。

10.1.3 组策略对象

组策略是通过使用组策略对象（Group Policy Object，GPO）进行管理的。组策略的具体设置数据保存在组策略对象 GPO 中。

域创建完时，默认有两个 GPO：

默认域策略（Default Domain Policy），它定义的策略影响域中所有的用户和计算机。

默认域控制器策略（Default Domain Controllers Policy），它定义的策略影响组织单位"Domain Controllers"中所有的用户和计算机。

除了默认组策略对象外，还可以自定义组策略对象。组策略对象由两部分组成：组策略容器（Gourp Policy Container，GPC）和组策略模板（Group Policy Template，GPT）。GPC 内容存储在活动目录数据库中，记录组策略对象的属性和版本等信息。

打开活动目录用户与计算机，可以看到，在 system 的 polices 下有两个文件夹，里面分别存放着默认的域 GPO 和域控制器 GPO 的属性与版本信息。其中，文件夹名为{31B2F340-016D-11D2-945F-00C04FB984F9}的组策略代表默认域，文件夹名为{6AC1786C-016F-11D2-945F-00C04FB984F9}的组策略为默认域控制器，如图 10-1 所示。

GPT 内容存储在 sysvol 文件夹中，默认位置为"%systemroot%\SYSVOL\domain\Policies"。存储组策略的具体设置和 GPC 一样，打开这个文件夹可以看到里面有两个文件夹，分别存放着两个默认的组策略的具体设置。当创建了自定义的组策略对象后，会自动生成一个名为该组策略 ID 的文件夹来存放设置数据，如图 10-2 所示。

实际上，文件夹的名字是组策略对象的 ID 值，每一个组策略对象都有唯一的 ID 值，这个 ID 值可以在组策略对象的详细信息中看到。当创建了自定义的组策略对象后，会自动生成一个名为该组策略 ID 的文件夹用来存放该组策略对象的属性和版本信息。

任务 10　组策略应用

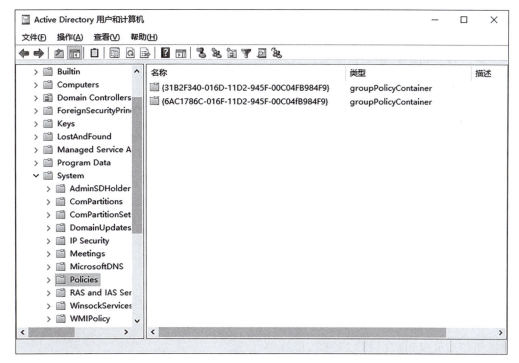

图 10-1　GPC

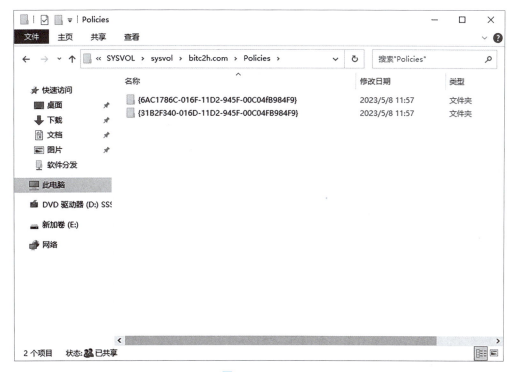

图 10-2　GPT

10.1.4 组策略的控制对象

GPO 控制的对象有两种：计算机和用户。以默认域 GPO 为例，可以看到域 GPO 中包含两部分配置：计算机配置和用户配置。

计算机配置：用于管理控制计算机特定项目的策略。包括桌面外观、安全设置、操作系统下运行、文件部署、应用程序分配和计算机启动与关机脚本运行。客户端计算机启动后，在操作系统初始化以及系统检测周期内，没有登录到域之前生效。无论哪个用户登录到计算机，客户端计算机都将首先应用计算机配置策略。

用户配置：用于管理控制更多用户特定项目的管理策略。包括应用程序配置、桌面配置、应用程序分配和计算机启动与关机脚本运行等。用户登录到域中时生效。无论用户登录哪一台计算机，都将应用同样的用户配置策略。

注意：先应用计算机配置，再应用用户配置。当两者有冲突时，计算机配置优先。

10.1.5 组策略链接

GPO 创建好后，必须进行链接才能生效。GPO 所链接的对象是 S（站点）、D（域）、OU（组织单位），简称 SDOU。同一个 GPO 可以链接到多个站点、域或组织单位。一个站点、域或组织单元又可以链接多个 GPO。

10.1.6 组策略的生效时间

1. 计算机配置的应用时限

（1）计算机开机时。

（2）计算机开机后，域控制器每 5 分钟自动应用一次。

（3）计算机开机后，非域控制器每 90~120 分钟自动应用一次。

（4）计算机开机后，不论策略是否变动，系统每 16 小时自动运行一次。

（5）手动应用：仅刷新计算机策略：gpupdate /target:computer。

2. 用户配置的应用时限

（1）用户登录时会自动应用。

（2）用户登录后，系统每 90~120 分钟自动应用一次。

（3）用户登录后，不论策略是否变动，系统每 16 小时自动运行一次。

（4）手动应用：仅刷新用户策略：gpupdate /target:user。

10.1.7 组策略的应用顺序

组策略的应用顺序为 LSDOU：

（1）首先应用本地组策略对象（L）。

（2）如果有站点组策略对象，则应用（S）。

（3）然后应用域组策略对象（D）。

（4）如果计算机或用户属于某个 OU，则应用 OU 上的组策略对象（OU）。

（5）如果计算机或用户属于某个 OU 的子 OU，则应用子 OU 上的组策略对象。

（6）如果同一个容器下链接了多个组策略对象，则按照策略优先级从高到低逐个应用，具有最低"链接顺序"的 GPO 是被最后处理的，因此具有最高的优先级。

（7）如果策略有冲突，则后应用的生效。

例如：在 bitc2h.com 域下设置了组织单元销售部，销售部下有一个计算机销售部-PC1，域上有一个默认域策略和自定义组策略对象 GPO1，域控制器下有一个默认域控策略，销售部 OU 下有一个组策略销售部-GPO，那么，当销售部-PC1 启动时，会按照 LSDOU 的顺序，先应用本地策略，因为没有站点 GPO，接下来会应用域 GPO，域策略有两个：一个是默认的 default domain policy，一个是创建的 GPO1，按照第（6）条所讲，具有最低链接顺序的后处理，所以先应用 GPO1，再应用 default domain policy，最后再应用组织单元 GPO，即销售部-GPO。

如果有冲突，后应用的要覆盖先应用的，如销售部-GPO 要求计算机的 IE 首页设为 www.bitc2h.com，GPO1 要求计算机的 IE 首页设为 www.bitc2h.edu.cn，那么计算机最后的设置是 www.bitc2h.com。

注意：
1. 组策略的设置必须在域控制器上。
2. 组策略只能够管理计算机与用户，无法管理打印机、共享文件夹等其他对象。
3. 组策略不能应用到组，只能够应用到站点、域或组织单元（SDOU）。
4. 组策略不会影响未加入域的计算机和用户，对于这些计算机和用户，应使用本地安全策略来管理。

10.1.8 组策略的应用特性

组策略应用具有累加性、继承性、阻止继承性、强制继承性。

（1）累加性：在不同层次的容器上设置 GPO 或在同一层次的容器上设置了多个 GPO，只要策略之间无冲突，那么所有策略都会做累加。如上例在域 GPO 设置 IE 主页，销售部-GPO 设置为禁止使用控制面板。因为策略没有冲突，这时 PC1 的最终策略是域 GPO 和 OU GPO 进行累加，既可以设置 IE 首页，又可以禁止使用控制面板。

（2）继承性：子容器可以从它们的父容器继承组策略。在默认情况下，继承的顺序是子组织单元→组织单元→域→站点。

（3）阻止继承性：下层容器会默认继承上层容器的策略，但是下层容器也可以阻止上层容器的策略。如果设置了阻止继承，那么上层容器的策略就不会继承到下层了。方法是只需要在下层容器设置"阻止继承"即可，如图 10-3 所示。

（4）强制继承性：组策略默认设置为自动继承父容器的策略，但在某些应用中，如果策略之间出现冲突，需要强制应用父容器的策略，例如域组策略设置密码必须符合复杂性要求，OU 中设置不需要符合复杂性要求，而 OU 策略是最后应用的，如果管理员希望最终策略是符合域组策略，就可以设置强制继承，即使 OU 上已经部署"阻止继承"功能，子容器也会继承父容器的策略，如图 10-4 所示。

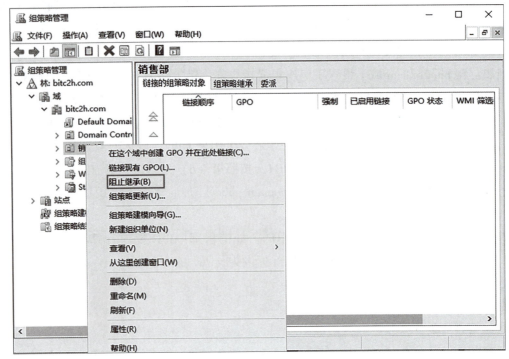

图 10-3 阻止继承

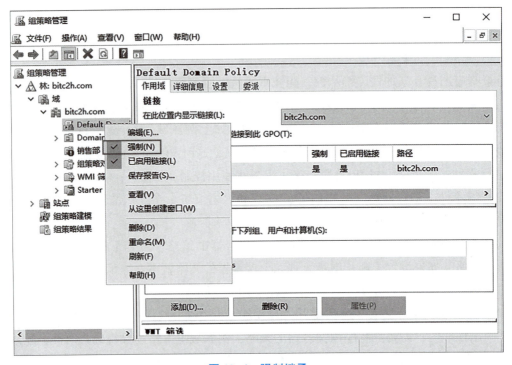

图 10-4 强制继承

任务 10.2　组策略应用

【任务目标】

（1）设置管理模板，要求销售部的用户不能使用控制面板。
（2）设置"安全"选项，使得域中所有计算机登录时无须按 Ctrl+Alt+Del 组合键。
（3）设置文件夹重定向，销售部用户登录时，将文档定向到域控制器中的特定文件夹（销售部-文档）下。
（4）设置开机脚本，开机时将域中所有计算机的管理员密码统一改为 Abc123456!。
（5）设置软件分发，对域中的计算机进行 Python 软件统一安装。

【任务实施向导】

10.2.1　组策略应用–管理模板

（1）打开组策略编辑器。依次选择"服务器管理器"→"工具"→"组策略管理"，打开"组策略管理"编辑器，如图 10-5 所示。

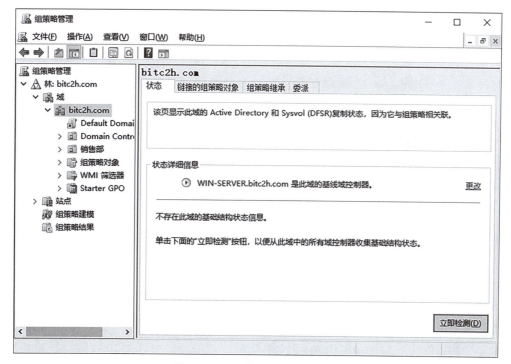

图 10-5　"组策略管理"编辑器

（2）创建组策略对象。右击"组策略对象"，选择"新建"，如图 10-6 所示。弹出"新建 GPO"对话框，在名称处输入自定义的 GPO 名称，这里输入"禁用控制面板"，如图 10-7 所示。

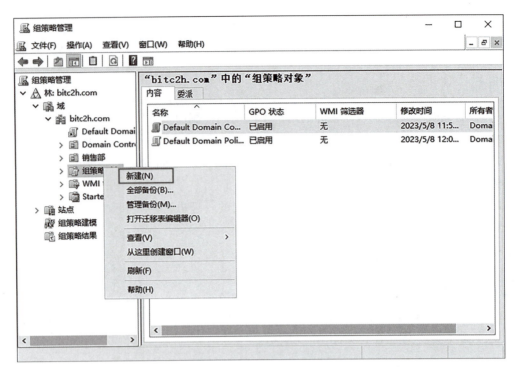

图 10-6 新建组策略对象菜单

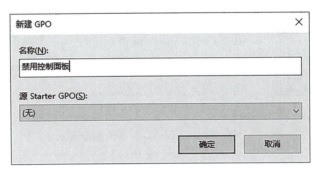

图 10-7 "新建 GPO" 对话框

（3）编辑组策略对象。右击刚创建好的组策略对象"禁用控制面板"，选择"编辑"，如图 10-8 所示。弹出"组策略管理编辑器"界面，依次选择"用户配置"→"策略"→"管理模板"→"控制面板"→"禁止访问'控制面板'和 PC 设置"，如图 10-9 所示。

（4）在"禁止访问'控制面板'和 PC 设置"对话框中，选择"已启用"单选项，单击"确定"按钮即可，如图 10-10 所示。

（5）链接组策略对象。在要控制的组织单元（销售部）上右击，选择"链接现有 GPO"，如图 10-11 所示，弹出"选择 GPO"对话框，选中"禁用控制面板"，单击"确定"按钮，如图 10-12 所示。

（6）完成。此时组策略对象容器中出现了刚才设置的组策略对象及链接情况，如图 10-13 所示。

任务 10 组策略应用

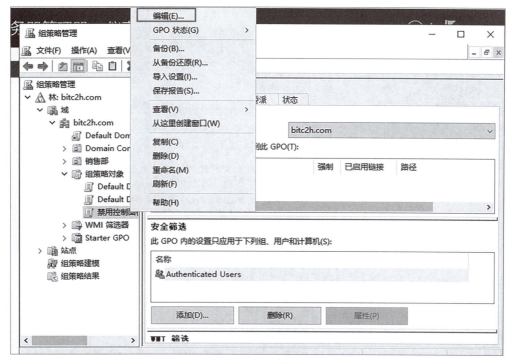

图 10-8 编辑组策略对象

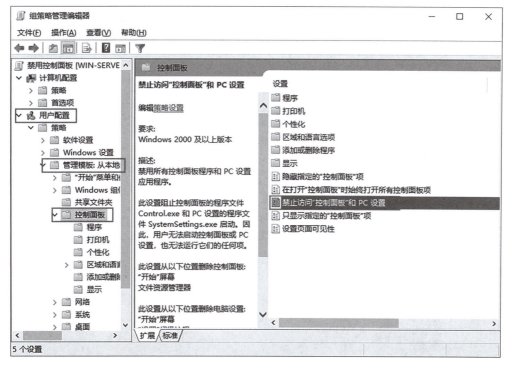

图 10-9 组策略管理编辑器

Windows Server 操作系统配置与管理

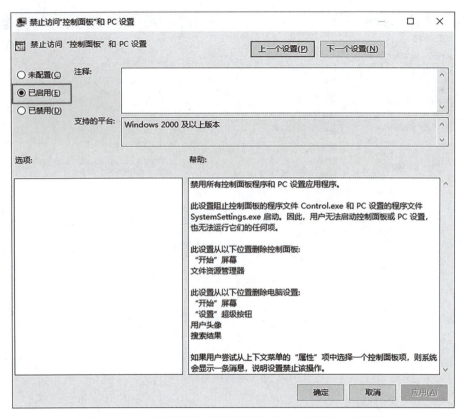

图 10-10 "禁止访问'控制面板'和 PC 设置"对话框

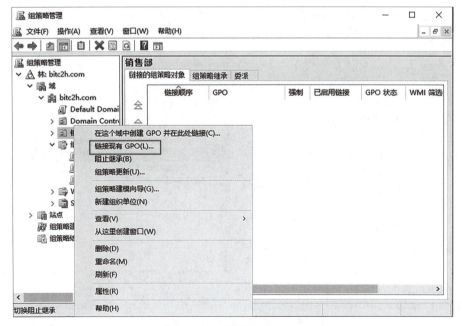

图 10-11 链接现有 GPO

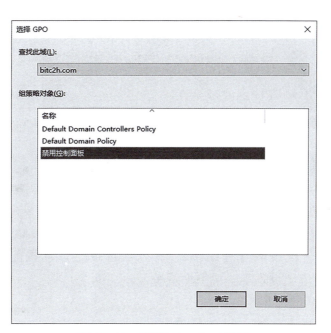

图 10-12 "选择 GPO"对话框

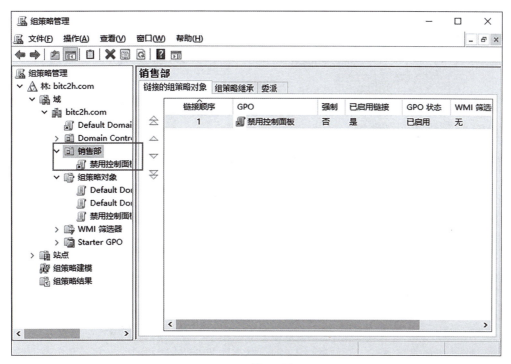

图 10-13 组策略对象及链接

(7) 打开客户机, 用相应的用户进行登录。登录后尝试打开控制面板, 出现如图 10-14 所示的提示框, 说明组策略设置生效。

图 10-14 组策略限制

10.2.2 组策略应用-安全选项

（1）打开组策略编辑器。依次选择"服务器管理器"→"工具"→"组策略管理"，打开"组策略管理"编辑器。

（2）编辑已有组策略对象。右击域下已链接好的默认域策略，选择"编辑"，如图 10-15 所示。弹出"组策略管理编辑器"，依次选择"计算机配置"→"策略"→"Windows 设置"→"安全设置"→"本地策略"→"安全选项"→"交互式登录无须按 Ctrl+Alt+Del"，如图 10-16 所示。

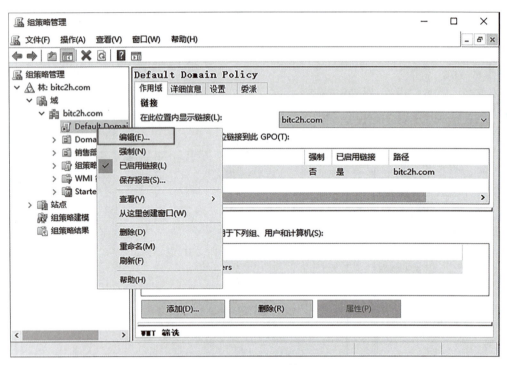

图 10-15 编辑域策略

（3）在"交互式登录：无须按 Ctrl+Alt+Del 属性"对话框中，勾选"定义此策略设置"，选择"已启用"单选项，单击"确定"按钮即可，如图 10-17 所示。

（4）强制策略立即生效。在 cmd 命令行界面中输入 gpupdate /force，使策略立即生效，如图 10-18 所示。

（5）测试。打开域中任意一台计算机，发现登录时不再用输入 Ctrl+Alt+Del。

任务 10　组策略应用

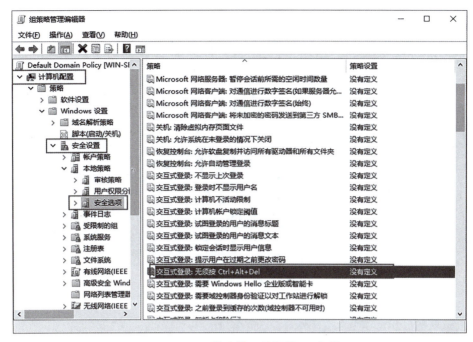

图 10-16　"组策略管理编辑器"对话框

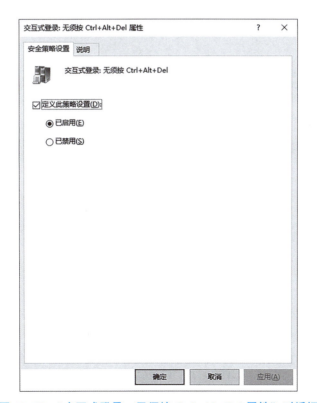

图 10-17　"交互式登录：无须按 Ctrl+Alt+Del 属性"对话框

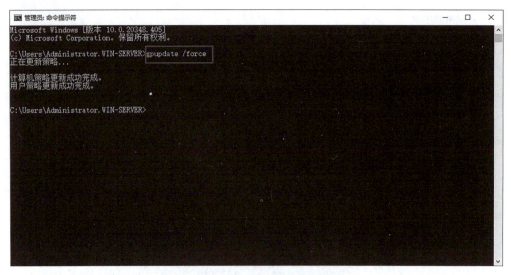

图 10-18　强制策略生效

10.2.3　组策略应用-文件夹重定向

（1）在域控制器中创建共享文件夹"销售部-文档"，并设置 everyone 的读取/写入权，如图 10-19 所示。

图 10-19　创建共享文件夹

（2）打开"组策略管理"编辑器。依次选择"服务器管理器"→"工具"→"组策略管理"，打开"组策略管理"编辑器。

(3)创建组策略对象。右击组策略对象,选择"新建",弹出"新建 GPO"对话框,在名称处输入自定义的 GPO 名称,这里输入"文件夹重定向",如图 10-20 所示。

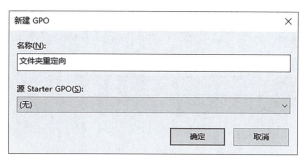

图 10-20 "新建 GPO"对话框

(4)编辑组策略对象。右击刚创建好的组策略对象"文件夹重定向",选择"编辑"。弹出"组策略管理编辑器",依次选择"用户配置"→"策略"→"Windows 设置"→"文件夹重定向"→"文档"。右击"文档",选择"属性",如图 10-21 所示。

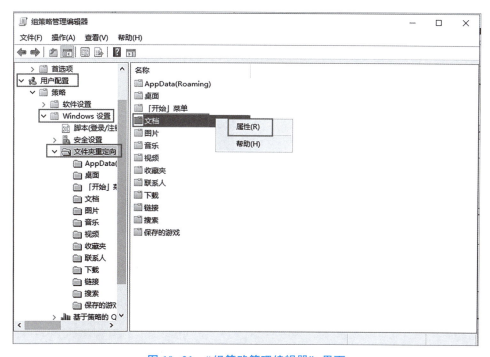

图 10-21 "组策略管理编辑器"界面

(5)打开"文档属性"对话框后,在"设置"选项卡中选择"基本-将每个人的文件夹重定向到同一个位置",目标文件夹的位置选择"在根目录路径下为每一用户创建一个文件夹",根路径选择共享文件夹的路径。单击"确定"按钮,如图 10-22 所示。

(6)链接组策略对象。在要控制的组织单元(销售部)上右击,选择"链接现有 GPO",弹出"选择 GPO"对话框,选中"文件夹重定向",单击"确定"按钮,如图 10-23 所示。

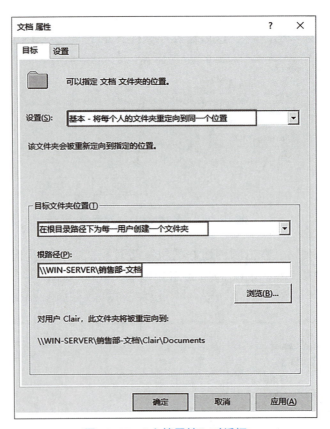

图 10-22 "文档属性"对话框

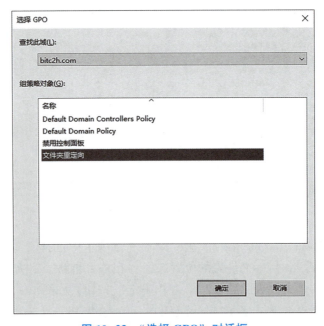

图 10-23 "选择 GPO"对话框

（7）强制策略生效。输入 gpupdate /force 使策略立即生效。

（8）测试。在域中任意计算机上用销售部的任意用户如销售部-user2 登录域。打开域控制器上的共享文件夹"销售部-文档"，可以看到里面有一个以该用户名命名的文件夹，说明文档定位到了该文件夹，如图 10-24 所示。

图 10-24 重定位的文件夹

10.2.4 组策略应用-启动脚本

（1）编写脚本文件，扩展名为 .bat，内容如下：

net user administrator Abc123456!

（2）将该脚本文件放到\\bitc2h.com\sysvol\bitc2h.com\Policies\{31B2F340-016D-11D2-945F-00C04FB984F9}\MACHINE\Scripts\Startup 下。

（3）编辑已有组策略对象。右击域下已链接好的"默认域策略"，选择"编辑"，弹出"组策略管理编辑器"对话框，依次选择"计算机配置"→"策略"→"Windows 设置"→"脚本（启动/关机）"。双击"启动"，如图 10-25 所示。

（4）打开"启动属性"对话框。单击"添加"按钮，打开"添加脚本"对话框，单击"浏览"按钮，选择开机要运行的脚本。单击"确定"按钮，如图 10-26 所示。

（5）强制策略生效。输入 gpupdate /force 使策略立即生效。

（6）打开域中的任意一台计算机，可以发现管理员密码均被改为 Abc123456!。

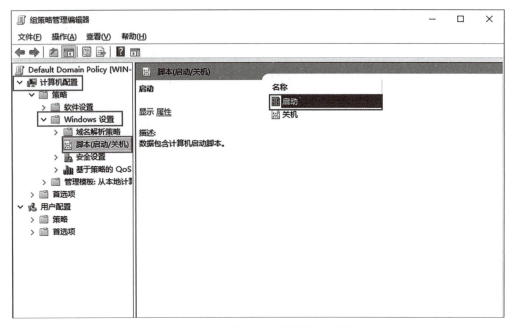

图 10-25 "组策略管理编辑器"对话框

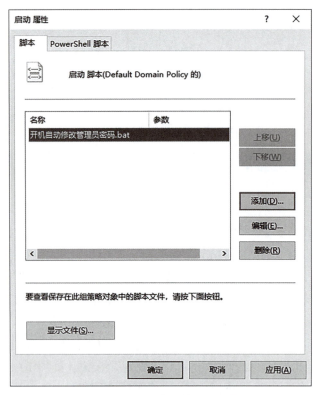

图 10-26 "启动属性"对话框

10.2.5 组策略应用-软件分发

网络管理员在布置域中的软件时,常常会遇到要在很多台计算机上对同一软件进行安装、修复、卸载和升级操作。如果在每台计算机上重复这些操作,工作量大而且容易出错。利用 GPO 设置软件分发策略,可以实现容器下所有用户和计算机的软件管理,有效地提升软件部署效率。

(1) 软件分发前准备:

①获取 Windows 安装程序包文件,该软件包包含一个 .msi 文件以及必要的相关安装文件。

②将软件安装文件放到一个软件分发点(共享文件夹)。

分配与发布的区别:

分配:分配到用户或计算机(安装)。

发布:发布给用户(不安装)。

(2) 创建软件分发点\\Win-server\软件分发,并把 Python 安装包放至该分发点,如图 10-27 所示。

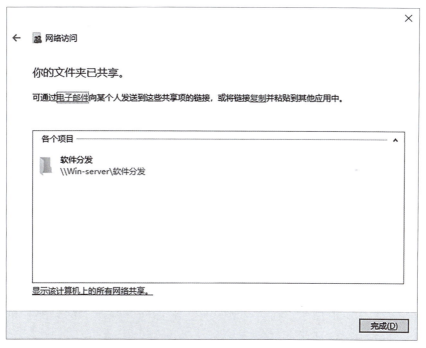

图 10-27 创建分发点

(3) 打开组策略管理编辑器。依次选择"服务器管理器"→"工具"→"组策略管理",打开"组策略管理编辑器"。

(4) 创建组策略对象。右击组策略对象,选择"新建"。弹出"新建 GPO"对话框,在名称处输入自定义的 GPO 名称,这里输入"软件分发",如图 10-28 所示。

(5) 编辑组策略对象。右击刚创建好的组策略对象"软件分发",选择"编辑",弹出

图 10-28 "新建 GPO" 对话框

"组策略管理编辑器"对话框，依次选择"计算机配置"→"策略"→"软件设置"。右击"软件安装"，选择"新建"→"数据包"，如图 10-29 所示。

图 10-29 新建数据包

（6）在"打开"对话框中，选择网络路径\\win-server\软件分发下的软件安装包，单击"打开"按钮，如图 10-30 所示。在"部署软件"对话框中选择"已分配"单选项，单击"确定"按钮，如图 10-31 所示。

注意：在计算机的软件安装策略中，只可选择"已分配"，而在用户的软件安装策略中，可选"已发布"或"已分配"。

（7）链接组策略对象。在域名 bitch.com 处右击，选择"链接现有 GPO"，弹出"选择 GPO"对话框，选中"软件分发"，单击"确定"按钮，如图 10-32 所示。

（8）强制策略生效。输入 gpupdate /force 使策略立即生效。

（9）打开重启域中的任意一台计算机，用域用户登录。在"开始"菜单中可以看到 Python 已经被安装上，如图 10-33 所示。

任务 10　组策略应用

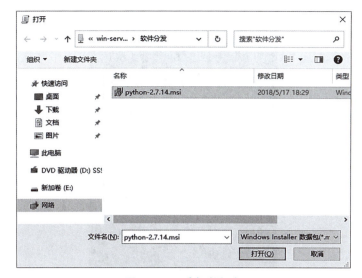

图 10-30　选择数据包

图 10-31　"部署软件"对话框

图 10-32　"选择 GPO"对话框

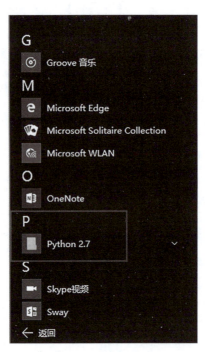

图 10-33 部署好的软件

【知识测试】

1. 组策略的应用顺序是（　　）。

A. L-S-D-OU　　B. OU-L-S-D　　C. L-D-S-OU　　D. D-S-L-OU

2. 下列选项中，记录组策略对象的属性和版本等信息的是（　　）。

A. GPO　　B. GPT　　C. GPC　　D. GOC

3. GPO 的计算机配置和用户配置冲突时，（　　）优先。

A. 计算机配置　　B. 用户配置　　C. GPC　　D. GOC

4. 关于组策略刷新的说法，错误的是（　　）。

A. 域控制器每 5 分钟自动应用一次

B. 非域控制器每 90~120 分钟自动应用一次

C. 组策略设置好后，立即生效

D. gpupdate /target:computer 用于手动刷新组策略

5. 组策略无法完成的工作是（　　）。

A. 安装操作系统　　B. 安装应用程序

C. 设置桌面环境　　D. 设置开机脚本

6. 打开组策略的命令是（　　）。

A. gpedit.msc　　B. secpol.msc

C. gpupdate　　D. gpupdate/force

实训项目　组策略设置

一、实训目的

（1）学习组策略的创建方法。

（2）理解组策略的功能。

二、实训背景

公司采用域模式进行网络管理，为了安全等原因，公司需要在域控制器上部署组策略，对企业的全部员工、计算机，或者一些有共同特性的员工群体执行一些强制性的、统一的配置，提升域网络的安全性。

三、实训要求

（1）设置组策略，使得公司所有计算机使用统一的桌面背景。

（2）设置组策略，使得管理部的用户可以登录域控制器。

（3）设置组策略，在计算机配置策略中，为管理部用户分配一些额外的权限：增加其修改系统时间的权限、关闭系统的权限。

（4）设置组策略，允许系统在未登录的情况下关闭计算机，不显示最后的用户名。